数学と恋に落ちて

未知数に親しむ篇

ダニカ・マッケラー
菅野仁子 訳

岩波ジュニア新書 887

KISS MY MATH
Showing Pre-Algebra Who's Boss

by Danica McKellar

First published 2008
by Hudson Street Press, New York.
This Japanese edition published 2018
by Iwanami Shoten, Publishers, Tokyo
by arrangement with
Avery (formerly Hudson Street Press),
an imprint of Penguin Publishing Group,
a division of Penguin Random House LLC
through Tuttle-Mori Agency Inc., Tokyo.

数学と恋に落ちる、ですって！

「数学！　先生、冗談でしょう？」高校のとき、ある先生が、大学で数学を専攻してはどうかと私にアドバイスをくれたことがありました。私はそのとき、「この私に数学をやれですって？　冗談でしょう！」と思ったものです。私は中学時代、家に帰ると、数学の宿題が恐くて泣いてばかりいたのですから。本当の話です。私は、数学に恐怖を覚えていました。

そのころと比べれば、状況はだいぶよくはなってはいました。それでも、大学で数学を専攻するなんて、まったくありえない、できっこないような気がしたのです。数学の先生になりたいという人以外に、誰が大学で数学を勉強するというのでしょう？　そう思いません？

間違っていたのは私だったのです。私の友人ニーナに聞いてみればわかります。

ニーナは、世界中の何よりも医者になりたかったのです。彼女は、いつも赤ちゃんの出産を手伝いたいと思っていたのです。彼女は、頭がよかったし、ユーモラスで、彼女がこうと決めたことはなんでも実行できるだけの能力を持っていました。ところが、大学で数学の微分積分を履修しなくてはならないと知ったとたん、事情が変わってしまいました。微分積分の授業をとらなければならないと考えただけでニーナは恐れをなし、医学を専攻することをやめ、夢をあきらめてしまったのです。

そして、そのような道をたどったのはニーナだけではないのです。たくさんの人たちが、大学で数学をしなくて済むように、というだけの理由で専攻を変更し、夢を永久に捨て去ってしまいます。

それでは、この本の題名にもあるように「数学と恋に落ちる」というのは、どんな意味でしょうか？

それは「えへん、失礼します。私は、何が何でも人生でやりたいことをします。数学ごときに私の行く手を妨害させたりは絶対にしません」という決意表明なのです。

あなたが将来、どんな職業に就くかは、まだ誰にもわかりません。数学を武器として使えれば、あなたは最先端の科学者になれるかもしれないし、お肌にやさしい自然化粧品の新製品や、履きながら足が癒されるハイヒールを開発することになるかもしれません。また、癌の治療法を発見したり、宇宙旅行をやってのけるかもしれません。工学の道に進み、ごみを完全に分解し、超クリーンなエネルギーを発明して、地球を救うことになるかもしれません。

他の可能性もきっと、ありますよね。医者、弁護士、服飾デザイナー、建築家などは、どうですか？ もしかしたら、雑誌の出版社で働いたり、あなたの大好きなファッションに情熱を傾けるかもしれませんし、自分で事業を起こすかもしれません。

信じがたいかもしれませんが、このような素晴らしい職業はすべて、そうです、数学を使うのです。

本書のステファニー・ペリー(第2章)、ジェーン・デイビス(第5章)、マリア・クイバン(第9章)という諸先輩方のメッセージを読めば、数学を勉強したことが、テレビ、ファッション、出版の業界で成功するのに、どれほど役立ったかわかります。こうした職業で、数学があなたに力と自由を与えるなんて思いもよらなかったのではありませんか？

数学を勉強すれば、とても楽しくなり、スマートになり、お金も稼げる、だなんてありえないよ！とあなたに言う人があれば、そういう人には言わせておけばいいでしょう。

この本の使い方

この本の各章は、口臭防止のミント、パンダ、人気度、プレゼントの包み方、温泉などを話題として取り上げていますが、それらを読み終えたころには、あなたは、整数、負の数、絶対値、不等式、分配法則、変数、文章題、累乗、関数やグラフをどう扱うか、さらに、x について解くさまざまな方法など、代数の初歩がマスターできるでしょう。実際、これらの話題は、わかりにくく混乱しやすいのですが、もし、今のうちに理解しておかないと、あとで本式に代数を習うとき、もっともっと困ることになってしまいます。習った概念は、消えてなくなったりしないで、後々も使うのです。ですから、ここでキッチリ理解しておきませんか？

私は、あなたが決して混乱したりしないことを約束します。どの問題も、巻末に答えがついています。それを聞けば、あなたの内側が温かく和んでくるのではありませんか？（あっ、答えなくていいです。）答えだけでなく全体の解法の詳細を知りたければ、インターネットで、kissmymath.com にある "solutions" のページに載せておいたので、あなたの解答と比べることができます。私の前の本『数学を嫌いにならないで』（岩波ジュニア新書）では、素数、約数（因数）と倍数、分数と小数、パーセント、比と割合、比例と単位換算、変数の概念を紹介しました。つまりこの本で扱われていることを理解するための準備だったのです。この本で、本当の代数にもう一歩近づくわけです。

前の本と同様に、問題のいくつかに、私の手書きの解法をつけました。それは、私があなたのそばにいるように感じて欲しかったからです。そうすることで、あなたが混乱するのを避ける助けになれば、と思ったからです。

この本を最大に活用するには、前の本で扱った話題、とりわけ約数、分数、小数についてよく理解しておくのが理想的でしょう。しかし、これらすべてについて完璧に理解できていると言える人は、どのぐらいいるでしょう？ だれでも、忘れるということはあるのですから。そして、迷ったときのために参照すべき本書の章やページ数を記しておきました。ですから、そこをすぐに開いてみれば復習ができます。また、別の本で復習してもよいし、ネットで検索することだってできます。やり方は山ほどあるのですから。

この本をはじめからおしまいまで順に読む必要はありません。

- 宿題や試験勉強を明日までに仕上げなければならないときに、必要な章だけ拾い読みしてもかまいません。

- 日ごろどうしても理解できなかった数学的な考え方をはっきりさせるために、そのことが書かれた章を中心に読むこともできます。

- もちろん、はじめからおしまいまで読んでおいて、宿題で必要になったところは、各章の章末にある「この章のおさらい」を使ってすばやく復習する、というやり方もよいでしょう。

この本には、数学以外にも次のようなおまけがあります。

- 心理テスト：あなたは、ストレスをためやすいタイプ？(第 5 章参照。) あなたは、真にあなたを応援してくれる友人を選んでいますか？（方程式を極める篇第 14 章参照。）

- 実際の十代の中高生の意見や、映画で活躍する俳優たちのメッセージ

- 数学が得意な女子に対して、男子が本当はどう思っ

ているか、など、アンケートのまとめ。みんながどんなことを言っているのか、注目です。

- 数学についての困難を克服し、今や花形の職業についている女性の実体験からくるメッセージ。ファッション業界から、テレビのお天気キャスターまで、登場していただきました。そうですとも、これらの職業にはすべて、数学がつきものなのです。

この本をじっくり読めば、数学のテストの点数が上がることは請け合いです。あなたがつまずきそうなところをやさしく説明しているだけでなく、数学のテストの必勝法にも触れました。テストを受けること自体、技術を要することですが、高校と大学での経験から得た、試験を上手に受けるためのたくさんの方法を集めました。テストに対する不安にさよならするために、「サバイバル・ガイド」を参照しましょう。

さぁ、準備はいいですか？ では、はじめましょう。

謝　辞

私の前作『数学を嫌いにならないで』をつかって、数学の授業に真剣に取り組み始め、もっと先の数学に進もうとしているすべての方にこの本を捧げます。いつも、メールをありがとう。私は、あなたを誇りに思っています。

私の両親、クリスとマハイラに感謝を捧げます。常に私を励まし、信じてくれたことに、ありがとう。私の妹、クリスタル、世界中で一番の友人として存在していてくれることに対してありがとう。クリス・ジュニア、コナー、おばあちゃん、オパ、ローナ(とその子供たち)、ジミーとモリーをはじめとして、私の素晴らしい応援団である家族みんなに感謝します。みんなの応援は、私にとってとても大切なもので、そのおかげでいろいろなことを私がやり遂げられる支えになっています。

この本の出版を実現してくれたハドソン・ストリート社の驚くべきチームワークに感謝します。クレア・フェラノ、ルーク・ディプシー、そして、私の大好きなそして有能な編集者のダニエラ・フリードマンにお礼を言います。それから、同社の素晴らしい宣伝チームにも感謝の意を表します。そのチームの一員、すばらしいリズ・キーナンとマリー・クールマンのご協力とご尽力に敬意を表します。

クリエイティブ・カルチャー社の素敵な女性たち、みなさんにも敬意を表します。特に、私の素晴らしい担当者、ローラ・ノランのその疲れを知らない仕事ぶり、私たちの行くでこぼこ道を平らにしてくれる努力に感謝します。あなたがいなかったら、どうなっていたかわかりません。私の新しい広報係で、ロジャーズ＆コーワン社のミッシェル・ベガ。あなたの情熱と責任感は、お金には換算できません。そして、長年に渡って友情と助言を惜しまなかった、ホープ・ダイアモンド、ブレンダ・ケリー・グラント、そして、ダニエラ・ダスキーにもお礼を言わせてください。私の弁護士、ジェフ・バーンシュタイン、それから、ワン・マネジメント社のみなさん、CESD 社のみなさん、とりわけキャシー・リジオ、パット・ブラディ、私のマネージャーであるアダム・ルイスが常に応援してくれたことに感謝します。アダムとロリ、かわいい女の子の赤ちゃんの誕生、おめでとう。オリヴィアちゃんが数学好きになるのは、私が絶対に保証します。

ジェイミー・B、ダンスで息抜きをさせてもらって、ありがとうございます。執筆のため、数ヶ月も会えない私に辛抱してくれた友人たち、ゴッチャとシャレナ、デイビットとキム、ドン・L. ミーグハム、その他のみんなにお礼を言います。戻ってきた私を受け入れてくれてありがとう。私が名づけ親になったトーリ、彼女の 13 年の人生を私にも共有させてくれていることに感謝します。

そして、20 年以上も無条件で捨てがたい支持と友情をささげてくれたキムバリー・スターンに、敬意を表します。あなたは、私にとって意味深い存在なのです。

そして、私の素晴らしい、頼りになるリサーチ・アシスタントたちに、ありがとうと言わせてください。私の右腕のニコル・シェリ・ジョーンズ、そして、アリザ・フェルドマン、ポール・A. ジャクソン、クリスティン・オツビー、ブリタニー・ポーグ-マハメッド、そしてクイズに力を注いでくれたアン・ローニーには、たくさんのありがとうを送ります。本当によくしていただきました。

ありがとう、バーバラ・ヤコブソン、再会できてうれしかったです。私が中学二年生のとき、数学を教わったケイ・カールソン先生と連絡がとれるようにしてくれたことに、感謝します。それからケーレン・サラーノ先生、信じられないほど、有意義な助言を聞かせていただき、ありがとうございました。この本を完成させるために、この本を読んでくださったのはアン・クラーク、カリ・ガルブランドソン、キム、ダイナ、ライアン、アレン、イヴェット、アンドリュー、それから、特に私のパパとママ、ブランディ・ウィン、トッド・ローランド、デーモン・ウィリアム、カヨ・ゴトウ、そして義弟であるすばらしく有能なマイク・スカファティたちです。本当にありがとうございます。

それから、本書に心温まるメッセージを寄せてくれた女性のみなさん、それから、あなたの十代の経験を分かち合ってくれた、ティーンのみなさん、本当にありがとう。アンケートに答えてくれた全国の中高生たちと、それを回収してくれた人たちみんなに、感謝します。特に、グラナイト市のシェアリー・ストールとジョアン・アレモン先生、メアリー・パドュー・タップ先生、リサ・ミラー先生、クリスティン・ダグラス先生とジャニス・ジェニック先生にお礼を言います。デニス・ヘイ先生、デイビット・ゲッツ先生、デイビット・デスペイン先生、ジョアン・カイ・コブ先生、マッシュー・ハートマン先生、スーザン・スミス先生、レイチェル・ボスワース先生、デイブ・フェーリンガー先生、カーレン・ボイク先生、マーク・バーサバル先生、メアリー・アン・ウィードル先生、そしてもっと多くの先生たちにも感謝いたします。今日の数学教育に対するあなたの助言と洞察に、敬意を表します。

シチズンズファースト社のイヴ・ニューハート、ドック・

オグデン、それから特に、マーシャル・キャンベル、それから、セント・クレア RESA 社のダン・デグロー、ジョアンヌ・ホッパー、クリス・マーフィー、セーラ・ビオンド、ジム・リヒトのみなさまには過分なほどの評価をいただき、また数学教育全般に対する献身に感謝します。それから、ここ数年間を通して協力していただいた、すべての私の数学の先生たちに感謝します。その中には、リンカーン・チェイス先生、ブランディー・ヤコブソン先生、そして、晩年のマイク・メッツガー先生が含まれています。それから、世界中のすべての数学の先生たちにお礼を言わせてください。みなさんのお仕事は若い人々にとって、とても貴重な栄養源にもかかわらず、本当に評価されることはめったにないからです。

そして、最後に、最愛のマイケル、あなたは私の本に素敵な題名を考え出してくれただけではありません。ありがとうと言わせてください。

目　次

数学と恋に落ちる、ですって！

1　正と負の整数　1

2　結合法則と交換法則　29

3　正負の掛け算・割り算　57

4　絶対値への招待　79

5　平均値、中央値、最頻値　93

6　変数の概念に慣れる　125

7　変数の足し算、引き算　149

8　変数を含む項の積と商　161

9　同類項をまとめる　179

10　分配法則　193

数学の試験：サバイバル・ガイド　215

付録１　225

練習問題の答え　231

索　引　233

［方程式を極める篇　目次］

11　文章題を式に直す
12　方程式の解法
13　文章題と変数の代入
14　不等式の解法
15　累乗への招待
16　変数の累乗
17　関数への招待
18　関数のグラフ
最後に
付録２
練習問題の答え
索　引

正と負の整数

整　数

整数は、数を数えるときの値と、それを負の数に直したものと、ゼロを含んでいます。言い換えると、

$$\{\cdots, -3, -2, -1, 0, 1, 2, 3, \cdots\}$$

…もう、聞き飽きちゃった。

ごめんなさい、でも、"整数(インテジャー)"という言葉は、今まで聞いた中で、もっとも退屈な、あじけない言葉なのです。みなさんはどうかわかりませんが、私はこの言葉から病院で使われる何かの道具を連想してしまいます。医師が看護師に向かって「早くその整数(インテジャー)を渡して。手術(オペレート)をはじめますから。」演算(オペレート)する前にこうつぶやいているのを想像したほうが臨場感がわくと思いませんか？

そこで私は、ちょっと、違う言葉を使ってみたいと思います。これからは"整数(integer)"という言葉を使うのはやめましょう。さもないと、キーボードで入力しながら眠ってしまいそうですから。あまり、見た目に、いい絵にはなりそうもありません。寝起きに、あなたの顔にキーボードのあとがついているのに気づいたことはありませんか？ ないなら結構。私もありませんが、これからもそんな経験はしたくはないです。そのかわりに、ミンテジャー(ミント＋インテジャー＝mint-egers)の話をしましょう。そうです、ミンテジャーは、整数のインテジャーと韻を踏んでいるのです。気づかなかった人がいるかもしれませんから、念のため。(短くミントと呼んでもいいですよ。)

ミンテジャーたち

やっぱり、はるかに響きがいいです。まず、正のミンテジャーたちについて、話しましょう。

正のミンテジャーたちは、

1, 2, 3, 4, 5, 6, 7, 8, 9, 10, 11, …

のようなものがあります。

これらはペパーミントやスペアミント、あるいはシナモンのような味がします。そしてリストの後ろにくるほどミントの味も濃くなるのです。おいしそう。デートの前に食べるといいです。ほら、万が一、キスしたりするかもしれませんから。

さて、今度は、ダークサイドにいるミンテジャーたちを見てみましょう。

負のミンテジャーたちには、

−1, −2, −3, −4, −5, −6, −7, −8, −9, −10, −11, …

のようなものがあります。

負のミンテジャーたちの味ときたら、ハリー・ポッターに出てくる百味ビーンズのように、“ゲロ味”とか“土の味”そして、“鼻くそ”なんてものまであります。（このようなお菓子は、明らかに、小さな男の子を喜ばせるためのもので、私たち女子がいただくものではありません。）このリストの先にいくほど、その味は、どんどん強烈になっていくのです。悪い意味でです。−1 や −2 を食べるのは、そう悪くもないかもしれませんが、−12 なんて、想像しただけで気持ちが悪くなります。

0 もミンテジャーの一つです。0 はまったく味がないので、隠し味にもならないリンテジャー(糸くず(リント)+インテジャー=lint-eger)とでも呼びましょう。(私は、糸くずの味見をしたことはありませんが、本当においしいとはとても思えません。)

この言葉の意味は？・・・整数

整数というのは、

{…, −3, −2, −1, 0, 1, 2, 3, …}

のことです。“…”とあるのは、整数が両方の方向に永遠に続くという意味です。数直線上で表すと次のようになります。

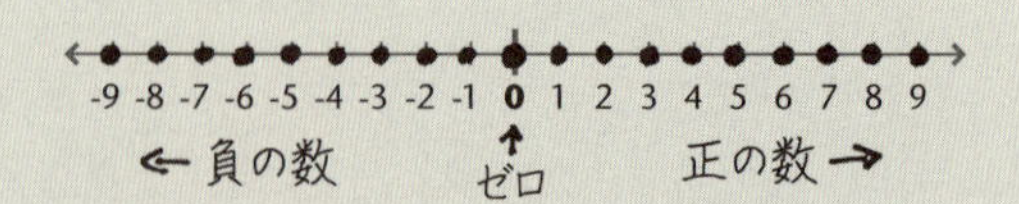

整数というのは、図にある小さな黒丸と黒丸の間にあるものは含まないのです。言い換えると、$1\frac{1}{2}$ や -4.5 のような数は整数の仲間ではないのです。私はこのことを忘れないようにするために、ミントを砕いて小さくするのが難しいことを連想して楽しんでいます。ミントを砕いてみたことはありますか？ ただ粉々になるだけです。あまりきれいなものではありませんね。

ミントの話に戻って、ミンテジャーは、右にいけばいくほど、どんどん大きくなるのです。それらの値(価値)はどんどん大きくなるのです。そして左にいくほど、値はどんどん小さくなっていくのです。このように言うと、ちょっとひっかかるかもしれませんね。なぜなら、左にいくほど数はどんどん大きくなっていくように見えるからです。でも、値はどんどん小さくなっていくのです。-24 のミントは、-1 のミントより価値が低いのです。つまり、あなたは、-1 のミントのほうが、もっと味がひどい -24 のミントよりいいと思いませんか？

また、“価値の低さ” は、次のように考えることもできます。あなたが、売り出し中の空家を見に行ったとします。一軒目はあまり良くない家でした(窓が二、三箇所壊れていて、ペンキもはげかけている)。ところが、二軒目の家は、それこそ崩壊寸前(屋根がつぶれ、床に穴があいている)でした。どちらの家がより価値が大きいですか？ あるいは、価値の低いのはどちらですか？ 傷みが大きいほうが、価値が低いのではありませんか？ これと同じ理由で、−24 は、−1 よりも価値が低いのです。

みんなの意見

「数学では、見つかった答えが正しい答えだと 100% ポジティブに思えるという事実が、素晴らしいと思う。」キャサリン(15 歳)

「どんなときでも、何かが得意だということは気持ちがいいものです。数学が得意だということは私に自信を持たせてくれます。」ジャスティン(16 歳)

整数の大小を比較する

あなたは、すでに次のことはわかっているはずです。

$$4 < 5$$

ミント 5 は、ミント 4 より価値が高い。その価値が大きいということは、言い換えると、よりおいしい、味がいいということです。だから、鰐(わに)が大きく口を開けて(<)食べようとしているのです。

鰐もミントが好きなのです。知らなかったのですか？
(「より大きい」という記号 > も、「より小さい」という記号 < も、両方とも開いている部分が、鰐の口のようで、より

大きな数に対して開いています。これはどうしてかというと、鰐はお腹がすいているからです。そう、私たちは数学の話をしているんですよ、本当に。）しかも、鰐たちは、-5 の味が -4 よりもおいしくないということまで知っているのです。

$$-5 < -4$$

これをその意味が納得できるまで、しばらく眺めてください。-5 は、-4 よりも価値が低いのです。これは、言い換えると、-4 は -5 よりも大きな値を持っているということです。これがなぜだか、わかりますか？ 数直線をもう一度、眺めてみてください。そして、右にある数は左にある数よりも大きな値になるということを確かめてください。それは、その数が正の数だろうと、負の数だろうと変わりません。納得できましたか？

練習問題

次の整数を一番小さいほうから、一番大きい数まで、順番に並べてください。（ミンテジャーのことを考えましょう。）最初の問題は私が解きましょう。

1. $0, -1, -2, 1$

解：さて、ここにある中で、もっとも味の悪いミントは、どれでしょう？ 負の数は、-1 と -2 だけです。明らかに、-2 のほうが、-1 よりまずいに決まっています。ということは $-2 < -1$ と表せます。そして 0 がきて、正のミン

テジャーは 1 だけで、これがもっともおいしいはずです。

答え：小さい順に $-2, -1, 0, 1$。

2. $-5, 3, 0, -12$
3. $-4, -7, -10, 6$
4. $7, -8, 2, -1$

整数を組み合わせる

ミンテジャーには便利なところがあって、たとえ、あなたの口の中に負のミント、たとえば、-6 のミントを入れたとしても、その直後に、正のミント $+6$ (正のミンテジャーで、-6 と同じ強さを持つもの)を組み合わせる(「組み合わせる」というのは、“加法(足し算)” のもう一つの言い方です。しかし、ここでは組み合わせると考えたほうが、負の数を扱うときに考えやすいのです。ここは、先生を信じること)ことによって、お互いを中和して無味にすることができるのです。最終的にあなたはリンテジャー 0 を食べたことになるのです。

$$-6+6=0$$

別のミントを組み合わせたらどうなるでしょう？ あなたの口の中に、あのまずい -6 が入っていたとして、さらに強い正のミンテジャー 8 を加えます。すると、結果的には、中和したよりも良い状態になるでしょう。ほのかなミントの良い味が口の中に残るはずです。

さて、そのほのかな味は、どのぐらい良い味なのでしょう？ えーと、8は6より2だけ大きいので、まずいミント −6とおいしいミント8を合わせると、それはまるでおいしいミント2を食べたのとまったく同じ結果になるのです。わかりますか？

$$-6+8=2$$

一方、あなたの口の中に −6があって、ミント4を組み合わせたとしても、まずい味をすっかり消すことはできないでしょう。まずい −6を消そうとしても、4の強さは、その役目をはたすほど強くはないのです。私の言いたいことがわかりますか？ なぜかというと、まだ、−2だけのまずさが残るからです。あなたは、この組み合わせは、結果として、ミンテジャー −2を食べたのとまったく変わらないということに気がつきましたか？

$$-6+4=-2$$

この関係は数直線を使って解くこともできます。数直線上を行ったり来たりすることを想像して考えることができます。

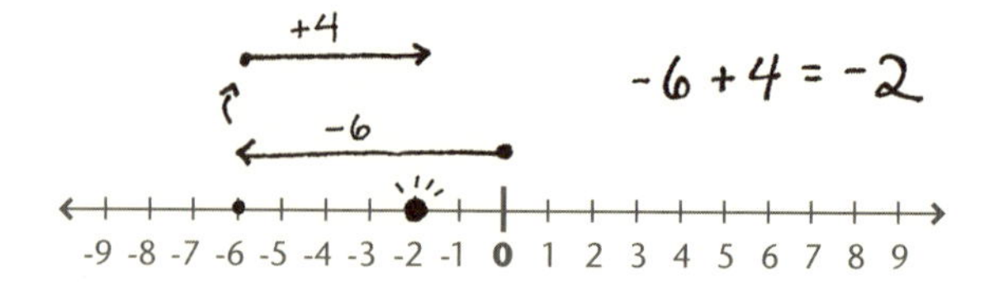

リンテジャー0(原点と呼ばれることもあります)からス

タートして、“−6”というのは負の方向に6歩だけ歩くことと同じなので、−6の点で止まることになります。

そこに4を加えるということは、正の方向に4歩だけ歩くことになるので、−2が最終地点というわけです。

−6＋8＝2を数直線上に矢印を使って描いてみましょう。0からスタートすることを忘れずに。

それから、これらの問題は、正のミントから始めて、あとから負のミントを加えると考えることもできるのです。つまり、8＋(−6)＝2。

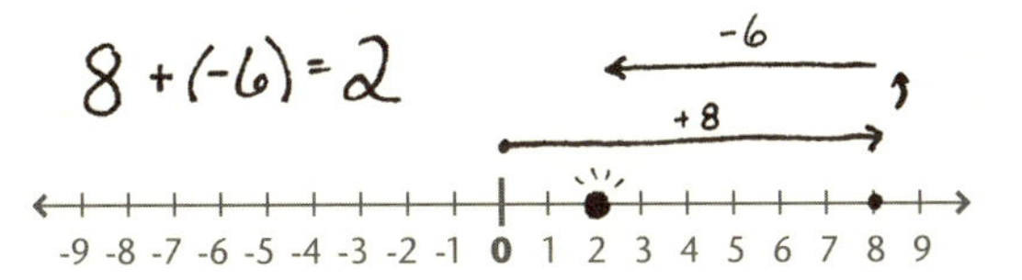

たとえば3−5はどんな値になるでしょう？ それは、どんな意味と解釈できますか？ まず、もっとなじみのある問題5−3を考えてみましょう。この答えは、簡単に2とわかります。では、実際に数直線上ではどうなっているのでしょう。5に−3を組み合わせたというわけです。つまり5＋(−3)です。

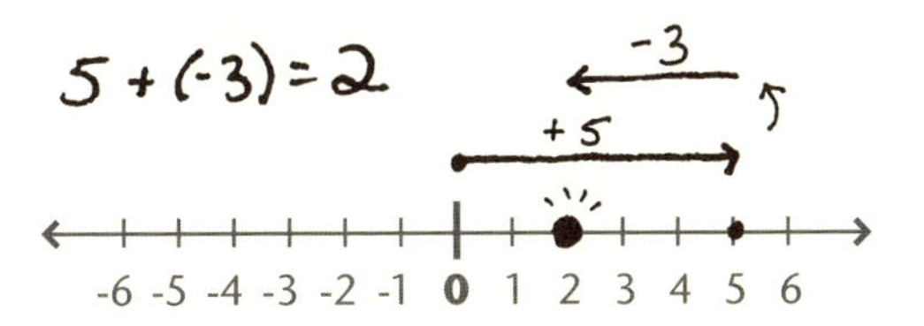

これと同じで、3−5は、3に−5を合わせているので、

3＋(−5) と考えることができます。

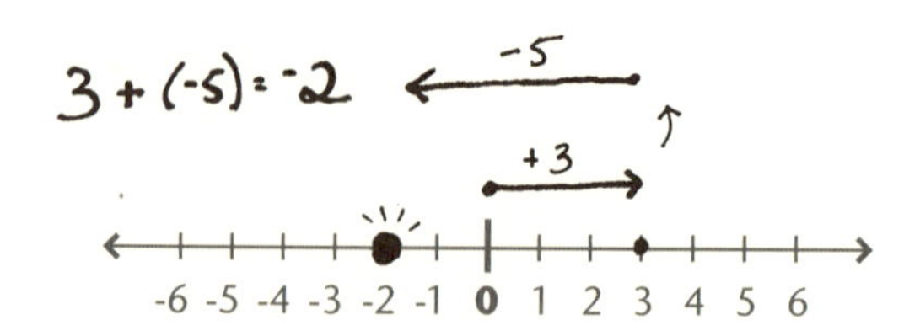

というわけで、3−5＝−2 が得られます。

ここがポイント！　3、三、+3、正の数 3、これらはすべて同じ数を指しているのです。つまり、+2＋4＝+6 は 2＋4＝6 とまったく同じことなのです。私は、書かなくてもよいプラス記号＋を使うことはあまりありませんが、教科書によっては省略しないこともあります。たとえば、3＋5＝8 のかわりに +3＋5＝+8 のように書かれていることもあります。大事なのは、どちらも同じことを意味しているのだということを、あなたが認識できることです。

引き算を負の数の足し算に直す

たとえば 3−5 や 9−15 のような二つの正の数の引き算をするとき、これからは、その引き算を負の数の和と書き直すことにしましょう。たとえば、9−15＝9＋(−15) のようにです。こう考えると、ミンテジャーを組み合わせるというやり方で解くことができるからです。

−15 をカッコでくくることで、読みやすくなっていることに注目してください。カッコなしでは、9＋−15 のようになってまぎらわしいのです。つまり、“＋−”のところが、プラスの横棒を少し長く書きすぎたとき、ただの ＋ と区別がつきにくいのです。

9+-15

というわけで、負の数をほかの記号と区別するために、いつもカッコをつけることを心がけましょう。

もっと大きな数を扱うには

もし 28 − 37 ＝ ? のような問題があったとしたら、どうしたらいいでしょう？

何よりもまず、引き算の記号を取り除いて、負の数の足し算になるように 28 − 37 ＝ 28 ＋ (−37) と書き換えましょう。数直線上でいうと、正の方向(右)にまず 28 歩進み、そこから、負の方向(左)に 37 歩進みます。答えが負の数になることは予想できますが、いったい負の数のどこで止まるのでしょう？ 答えは簡単です。数の順番を反対にして、用紙の余白に普通の引き算 37 − 28 ＝ 9 をやってみればいいのです。答えは、負の数とわかっているので −9 と答えればいいわけです。

では (−28) ＋ (−37) ＝ ? のような問題だったら？ ミンテジャーは両方とも負の数なので、−28 からさらに負の方向に 37 進まなければならないことがわかります。言い換えると、普通の足し算 $28+37=65$ を実行します。そして負の方向に進んでいることを思い出して、答えは -65 とすればよいのです。

あなたが、答えは正の数になるか、負の数になるのかをしっかり覚えていれば、このタイプの問題は、普通の足し算、引き算を使ってこなすことができるのです。

ここがポイント！　二つ以上の数を合わせるとき、たとえば $-9+6+(-8)=?$ のような問題を解くときには、まず、はじめの二つだけを組み合わせることに集中しましょう。それ以外にはこの世に何も存在しないように想像するのです。そこで、$-9+6=-3$ が求められました。それから残りの問題を書き直して、$-3+(-8)=-11$ と最終的な答えを求めることができます。

ステップ・バイ・ステップ

プラス符号 + とマイナス符号 − で分けられた整数の組み合わせ方

ステップ 1. 問題の中に引き算があれば“負の数の足し算”に書き直す。負の数はカッコでくくられていることを確認しましょう。

ステップ 2. 式を左から右の順に見て、はじめの二つの数だけに注目する。

ステップ 3. もし数が二つとも負の数ならば、正の数と同じように普通の足し算をしてから、マイナスの記号を前につける。

ステップ 4. もし正の数を負の数と組み合わせる場合だったら、正の数と同じように普通の引き算をする。それから、どちらのミントが強い(ところで、数の“強さ”とは数学では“絶対値”と呼ばれるものです。絶対値は、その数と原点ゼロとのあいだの距離になります。これについては第 4 章でもっと詳しく学びます)かを思い出して、強いほうの符号(プラスまたはマイナス)を答えにつける。

ステップ 5. 問題に二つ以上の数が含まれているときは、この操作を繰り返す。

ここがポイント！　上記のステップ 1 で、一番初めの数が負のときは、＋と－がくっついて紛らわしいということはないので、カッコでくくらなくてもよいのです。つまり、$-5-5-5$ は、$-5+(-5)+(-5)$ と書いてもよいし、または、$(-5)+(-5)+(-5)$ と書いてもかまいません。どちらでも、あなたの好きなほうにすればよいのです。そして、どちらの書き方も目にすることがあるでしょう。

練習問題

引き算があれば“負の数の足し算”と書き直し、整数を組み合わせなさい。最初の問題は私が解きましょう。

1. $9-15+7=?$

解：ステップ1：引き算のかわりに、“負の数の足し算”の形を使って書き直します。$9+(-15)+7$。
ステップ2：まず、はじめの $9+(-15)$ だけに注目して、他には何も存在しないとして計算しましょう。
ステップ3, 4, 5：目の前にあるのは一つの正の数と一つの負の数だけです。-15 は、9よりも味が強いので、答えは負になることがわかります。まず、引き算 $15-9=6$ をします。そして、負の符号をつけて -6 とします。というわけで、最終的には $-6+7=1$ がその答えです。

答え：$9-15+7=1$

2. $3-5+4=?$
3. $-3-5+4=?$
4. $-3-5-4=?$（引き算を“負の数の和”と書き直してから、左から順に二つの数を組み合わせれば大丈夫です。）

負の数の意味

正直に言います。負の数の意味は、ほんとうにわかりにくいものです。あなたは負の数のものを持つことができますか？ −3個のりんごを持つなんて、やっぱりできないでしょうね。しかし、あなたは、海面より1メートル下に潜ることもできるし、大きなデパートの地下3階に行くこともできます。ヨーロッパでは、地上の一番下の階をグラウンド・レベルGというのが普通で、それから、1階、2階へと上っていくのです。

だから、エレベーターのボタンを、数直線が水平ではなく垂直になったものとして、グラウンド・レベルGの階をゼロと考えると、地下2階は−2、地下1階は−1にあたります。

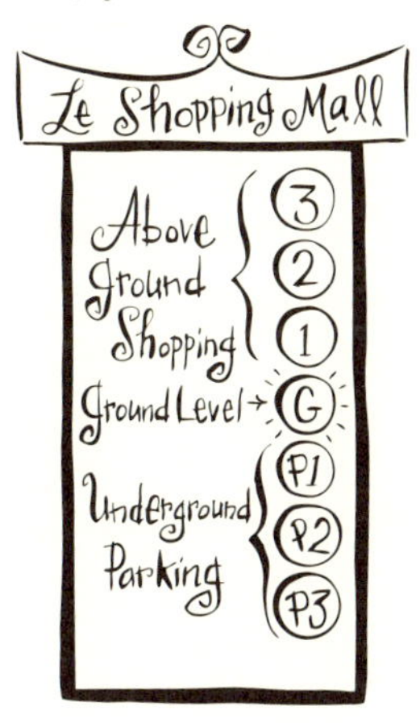

実社会での負の数の考え方が使われるのは、お金を借りるときです。つまり、借金を表すときです。たとえば、あなたがまったくお金を持っていなくて、新しいヘアクリップを買いたいとします。そこであなたは、友人から2ドル借りたとしましょう。このとき、あなたは−2ドルのお金を持っていることになるのです。なぜなら、あなたは、まったくの文無しからスタートして、2ドルを返すべきだからです。一週間後、あなたの誕生日におこづかいを10ドルもらったとします。そして、友人にお金を返したとすると、いくらお金が残りますか？ それは $-2+10=8$ と計算できるので、8ドルだけ残ったことになり

ます。

私は負の数を考えるとき、口に含んだミンテジャーを想像するほうが好きですが、それは私だけかもしれませんね。

あなたが負の数を考えるとき思い起こすのは、ミント・海抜・お金の貸し借り・エレベーターの階数・数直線上を行き来すること、そのどれでもかまいません。ここで大事なことは、あなたにとって最も負の数に対応する自然な意味づけを自分で発見できることです。ほんとうにどれを選んでもよいのです。なぜなら、それらはすべて同じことを言っているからです。9＋(−15) という問題を見たときに、あなたが一番わかりやすい解釈ができるものを選ぶとよいでしょう。

みんなの意見

「数学は、絶対に私の得意科目ではないけれど、私が、本当に真剣に取り組めば、確実に成功できる科目です。」ジョアンナ（14 歳）

「賢くあり続けるということは、常に努力してこそ得られる状態のことだと、思います。」ケルシー（14 歳）

整数の引き算

ここまでは、引き算という考え方をしないで、“負の数の足し算” と考え直すやり方でうまくいきました。なぜ、そうする必要があったのでしょう。それは、ミントを口の中で混ぜると解釈したり、数直線上を行ったり来たりするという考え方は、二つの数を組み合わせるからこそ、つじつまの合う説明が成り立つからでした。

それでは、$4-(-3)=?$のような問題はどうしたらいいでしょう？ どうやって、これを数を組み合わせる問題に書き直すことができるでしょう？ そもそも、そんなことは可能なのでしょうか？ つまり、-3も負の数なのに、どうやってこれを足し算に直すことができるというのでしょう？ ウーン。

幸運なことに、このタイプの問題はまったく心配ないのです。信じられないかもしれませんが、負の数の引き算こそ、もっともやさしい計算なのです。引き算の記号 − と負の数につく符号 − という二つの負の符号は、お互いに打ち消しあって一つの正の符号に変わるからです。そして足し算は、はるかにやさしい形になるのです。そう思いませんか？ ここで近道（ショートカット）を紹介しましょう。

近道（ショートカット）を教えるよ！

負の数を引く

負の数を引くという計算をしなければならないとき、たとえば、$10-(-5)$のような問題が与えられたときは、二つの負の符号を一つの正の符号に変えることができるのです。だから、$10-(-5)=10+5=15$のようになるのです。

つまりこれが足し算という近道なのです。

引き算の記号と負の符号がお互いに隣どうしにあるときは、まるで、そのうちの一つが縦に向きを変えて、お互いに触れ合うまで移動すると考えてもいいでしょう。二ついっしょになって正の符号 + を作ると思ってもいいです。その二人にとって、これは特別な出会いのようなものです。

というわけで、$4-(-3)$ という計算は、とても簡単な計算式 $4-(-3)=4+3=7$ に直せるのです。しかし、どうしてこの方法は有効なのでしょう？ この本の第3章を学習したあとなら、この質問に答えるのは、とても簡単です。（もし、あなたが負の数を引くことの意味について興味があるなら、この本のウェブサイト（kissmymath.com）にある、「この本について（About The Book）」の付録（Extras）、「スパーキーと負の数を引く意味（Sparky and Meaning of Subtracting Negatives）」を読んでみてください。前もって申し上げておきますが、ちょっと風変わりな説明をしています。）今のところは、負の引き算がこんなに簡単になることをお祝いしましょう。そうです。今は、人生をはるかにやさしくしてくれる、温かで幸せな気分を味わう時なのですから。

練習問題

上記の近道(ショートカット)の方法を使って、次の計算式の答えを求めてください。必要に応じて、12 ページにある整数の組み合わせをするステップ・バイ・ステップを参照してください。近道の方法を使ってから、ステップ 1 に進みましょう。最初の問題は私が解きましょう。

1. $-3-4-(-9)=?$

解：オーケー、まず、式の全体を見て、近道を使うことができる、負の数の引き算(マイナスの記号が二つ続けて使われているところ)を探して、その二つの記号が出会って一つのプラスの記号に変わる特別な瞬間を味わいます。見ればわかるように、それは数字 9 の直前で起こります。そこで、問題は、$-3-4+9$ と書き換えられることになります。さて、4 の前にある負の符号を“負の数の足し算”に直すと、$-3+(-4)+9$ となります。そしてこの式の左から右に向かって数を組み合わせていきます。まず $-3+(-4)=-7$ が得られます。ですから問題は $-7+9=2$ となります。できました！

答え：$-3-4-(-9)=2$

2. $2-4-(-8)=?$
3. $-3-(-7)=?$

4. $1-(-2)-1=?$

5. $-1-1-(-1)-(-1)=?$（ヒント：これは、きちんとステップを踏んで行いましょう。あわててやると間違いやすい問題です。）

数学（マス） ＝ 奨学金（マネー）

数学や科学を専攻する女性（特に少数民族の女性）を対象とした奨学金があるのをご存じですか？ 意外にたくさん用意されているのを知ったら、あなたは、さぞ驚くことでしょう。奨学金という形で大学で数学や科学工学を専攻する若い女性にお金を提供している団体や組織が世界には数多くあります。（詳しくは collegescholarships.org/women.htm などのサイトを参照してください。）それは、その分野を専攻する女性が少ないからです。どうして、中学や高校の女子にこのことをもっと知らせないのか不思議でなりませんが、こうした奨学金は、数学や科学を学ぶのに文字通り有益なのです。

負の分数や小数を考える

あなたが心から好きな男の子がいて、でも彼はあなたのほうを振り向いてもくれなくて、彼はあなたが存在していることさえ気づいていないんじゃないかとさえ思ってしまうような経験がありますか？ さて、ある日のこと、あなたが廊下で友人たちと談笑しているとき、あなたがとても機知に富んだ、おもしろいことを言ったと想像してみてください。友人は全員あなたの賢い冗談に笑いころげています。そして、そこを通りかかって、あなたの話を耳にしていたのは誰だかわかりますか？ そうです、なんと、その憧れの彼ではありませんか！ 彼は振り返ってあなたに感嘆し、あなたの目をみつめて(テレビドラマのワンシーンのように音楽まで流れてきます)、あなたに向かってまっすぐ微笑みかけたあと、ウィンクしたではありませんか！ よしっ！ あなたの心臓は高鳴り、頬は赤くなっています。彼は以前はあなたのことをまったく気にとめていなかったとしても、今、確かにあなたに気がつきました。なんとすばらしい気分でしょう。

実は、数直線上にも、以前にはまったくその存在に気がつかなかったような、たくさんの数が存在しているのです。私たちは、それらの数のそばを素通りしていたのです。しかし、ここでそれらの数にも目を向けることにしましょう。そして、私たちに目を向けられることで、数のみなさんがどんなにいい気持ちになるか、ほんの少し想像してみましょう。そうしたら、もっと数に注意を向けてあげようという気持ちが増しませんか？ とにかく、そういうことにしておきましょう。

たとえば、$-4\frac{1}{3}$ がどこに位置しているか、考えたことがありますか？ 数直線を描いてみて、$-4\frac{1}{3}$ は -5 と -4 の間にあって、どちらかというと -4 のほうにより近いということを確認しましょう。それでは、-1.5 はどうでしょう？ どのあたりにありますか？

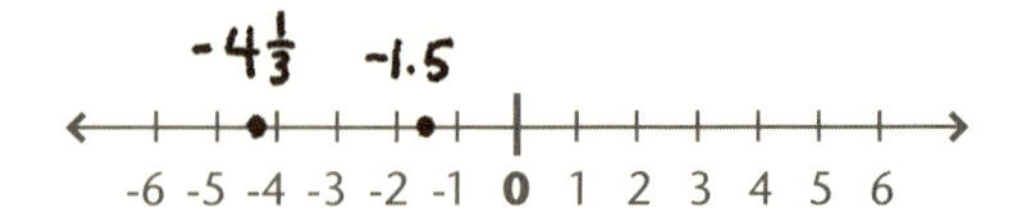

さて、これらの見すごしてきた数と整数との違いを数直線上で見てみましょう。整数の目盛りと目盛りとの間にある数に注目します。つまり、見すごしてきた数たちは、整数と整数の間に存在していたのです。以前は、私たちがそれらの数の存在に気づかなかっただけなのです。

都合のいいことに、それらの数値も、組み合わせ(足し算と引き算)に関しては、整数とまったく同じ規則に従うのです。(そうです。ミンテジャーたちとまったく同じ法則なのです。)つまり、足し算、引き算については、12ページで紹介したステップ・バイ・ステップと同じ方法で実行することができるのです。

分数や小数を含んだ問題は難しいと思いがちです。問題を見ただけでパニックが起きそうになるかもしれません。でも、これだけは覚えておいてください。いったん足し算に書き直してしまえば、引き算は消えてしまい“負の数の組み合わせ”になります。そして、ミンテジャーが口の中で混ざるのと同じように扱うことができるのです。

$$-8.5-9.3-(-4.35)$$

さて、この問題を見て、即座にどうすればいいかわかった人は素晴らしい。その場合は、25ページの練習問題に進んでください。もし、この問題を見て、ちょっとすぐに一人で解く自信がない場合(それはとても普通のことです)には、次を読みましょう。

複雑そうな問題にあたったら？
まず、簡単な問題に直して考えましょう！

$-8.5-9.3-(-4.35)$ という問題は難しいと思いますか？そんな人のために、ここで私からの助言を述べさせてもらいましょう。まず、計算用紙上で同じ問題をより簡単な数字(小数や分数ではない単純な整数)に置き換えてみましょう。つまりノートとは別の紙に、

$$-8-9-(-4)$$

と書いてみるのです。こうすることで、ステップ・バイ・ステップを使ってどのように計算していけばよいかわかるよう、見やすくすることができるのです。

最後の 4 の前に、マイナスが二つあるので、これを一つのプラスの記号に直すことができますよね？ それから、9 の前の引き算を “負の数の足し算” に直すことができます。つまり、$-8+(-9)+4$ となって、これは、7 ページで見たように、ミントを合わせる考え方で解くことができるのです。

さて、あなたの宿題に戻りましょう。同じことを整数でない数にもしてみましょう。まず、4.35 の前にある二つのマイナスはプラスに置き換え、9.3 の前の引き算は “負の数の足し算” とすることで、

$$-8.5+(-9.3)+4.35$$

が得られます。いい調子です。さて、左から右に見て最初の計算に挑戦しましょう。三番目の数は存在しないと思うことにします：$-8.5+(-9.3)$。

また、頭が受け付けなくなりましたか？ それはどんなに頭のいい人にも起こることです。もしそんなふうになったら、計算用紙に戻って、簡単な場合ではどのように計算したかを見てみましょう。$-8+(-9)$ なら、どうすればいいですか？

この式から、二つの負の数を組み合わせていることに気づきます。だから、数直線では負の方向にずっと遠くにいく必要があります。-8 から出発して左の方向に進むのです。そしてたどり着いたのがどこかを知りたければ、負の符号は無視して $8+9=17$ と計算し、最後に負の符号をつけるのを忘れなければいいのです。つまり、$-8+(-9)=-17$。

さて、これとまったく同じ方法を使って、$-8.5+(-9.3)$ を計算しましょう。負の符号を無視して二つの数を足すと $8.5+9.3=17.8$ となります。答えは負の数になるとわかっているので、$-8.5+(-9.3)=-17.8$ と書くことができます。

そういうわけで、私たちの問題は、

$$-8.5-9.3-(-4.35)$$
$$\downarrow \qquad \downarrow$$
$$-17.8+4.35$$

と置き換えることができました。見た目が少しは良くなったと思いませんか？ そこで、ふたたび簡単な数に置き換えるという方法に戻るとどうなるでしょうか？ たとえば、まず $-17+4$ を考えてみることにします。この二つのミンテジャーを合わせると、口の中は負の味がまさることがわかります。だから引き算 $17-4=13$ を実行して、強い味の符号をつけ $-17+4=-13$ と答えが出ます。

これを、本当の問題 $-17.8+4.35$ に応用してみましょう。まず、単純な引き算 $17.8-4.35=13.45$ を求めます。次に、味の強いミントは負のほうなので、答えは負でなければなりません。だから $-17.8+4.35=-13.45$ となって、これが最終的な答えです。

とても時間がかかりましたが、それは、迷うところがなるべくないように、事細かに説明をこれでもか、これでもか、というぐらいに加えたからです。

さあこれで、一見むずかしそうな問題を、簡単な数に置き換えて考えるというテクニックを身につけて、なんとかなりそうだという自信がついたかな？

問題によっては、小数と分数の足し算、引き算の復習をしなきゃ、と思うかもしれません。共通分母を求める方法といったことです。でも、$\frac{1}{6}-\frac{14}{15}$ のような問題を解くときに、6と15の最小公倍数をどうやって求めるか覚えていないなんて心配する必要はまったくありませんよ。(ちなみに、この分数の問題の解き方はこうです：$\frac{1}{6}-\frac{14}{15}=\frac{5}{30}-\frac{28}{30}=\frac{5-28}{30}=\frac{5+(-28)}{30}=\frac{-23}{30}$。) 前の本『数学を嫌いにならないで』の第8章で分数について、第10章で小数について扱っているので、復習したいときはいつでも参考にしてください。

練習問題

次の計算をしましょう。整数についての規則が分数や小数にも成り立つことを忘れないでください。必要であれば、12ページのステップ・バイ・ステップを参考にしてください。最初の問題は私が解きましょう。

1. $-\frac{1}{2}-(-4)-\frac{5}{2}=?$

解：まず気がつくことは、4 の前にマイナスの記号が続けて二つあることです。それを一つのプラス記号に直して $-\frac{1}{2}+4-\frac{5}{2}$ を得ます。つぎに、引き算を負の数の足し算に直します。すると、$-\frac{1}{2}+4+\left(-\frac{5}{2}\right)$ となります。ここまでのところは、完璧に理解できたでしょうか？ さて、すべて足し算の形に変形できたので、あとはミントの味を組み合わせるだけです。初めの二つの数に注目しましょう。一つは負の数でもう一つは正の数なので、引き算をします。強いほうの数は正なので、答えは正になることがわかります。だから $4-\frac{1}{2}=3\frac{1}{2}$ となることは納得できましたか？ これで問題は、$3\frac{1}{2}+\left(-\frac{5}{2}\right)$ を解く問題に変わりました。さて、$3\frac{1}{2}$ を仮分数に直して $\frac{7}{2}$ が得られるので、問題は $\frac{7}{2}+\left(-\frac{5}{2}\right)$ と同じです。ここでも、一つの数は正、もう一つは負なので、引き算をします。強いほうの数は正なので、最終的な答えは正であることを頭においておき、$\frac{7}{2}-\frac{5}{2}=\frac{7-5}{2}=\frac{2}{2}=1$ と計算できます。もうおしまいです。全部の数を組み合わせられたのだから、これが答えです。

答え：$-\frac{1}{2}-(-4)-\frac{5}{2}=1$

2. $-\frac{1}{2}-(-3)-\frac{1}{2}=?$
3. $43.3-56.9=?$
4. $43.3-56.9+2.6=?$
5. $\frac{5}{2}-\frac{7}{2}-(-0.5)+0.5=?$

この章のおさらい

負の数がどんな「意味」を持つのかを理解するためには、なんでもいいので、自分に最も適した例を見つけましょう。数直線を頭においてもいいし、エレベーター、海抜、お金の収支、あるいは、口臭防止のミントの味を例にしてもいいでしょう。わからなくなってしまったときには、いつでもその例に戻って考えてみましょう。

正負の混じった計算をするときは、計算を始める前に次の二つのことを実行しましょう。

1. 二つの負の符号が続くときは、近道の方法を使って一つの正の符号に置き換えましょう。
2. 引き算が残っているときは、引き算を“負の数の足し算”に置き換えましょう。

すべての計算を足し算の形に直せたら、問題はミントの味の組み合わせと考えることが可能です。そして、式の左から右に順番に計算していきましょう。

負の分数や負の小数についても規則はまったく同じです。ただ、これらの数の扱いには十分気をつけてください。そして、どうやったらいいのか混乱したら、いつでも計算用紙上で“簡単な数”に変えてみて、やり方の確認をすることができるこ

とを忘れないでください。

自分を低く見せる？

自分自身を貶(おとし)めた経験はありますか？ 実際の自分よりも、自分の価値が低いふりをしたことは？ そのときのことを思い出してみてください。そんな行動には何の意味もありません。わざと“きたない格好”をしたことは、ありますか？ 外にでかける支度するために、目の下に茶色くアイシャドーを塗って、まるで、目の下に隈ができたように見せ、歯も磨かず、髪もとかさないことを想像してみてください。まったく、意味がわからないと思いませんか？

もちろん、私たちは内面も外面も、できるだけ良くなりたいと思っています。完璧などありえない(何を完璧というかはともかくとして)けれど、全力を尽くしたいと思うでしょう？

きれいな肌を保って、しかも正常な体重を維持するためには、健康的な食生活をし、水分をたくさん補給し、8 時間ないしは 9 時間(私は 10 時間必要なこともあります。良く眠れば眠るほど、私の肌の調子がいいことは、確かです！)の睡眠時間を確保し、規則的に運動することが望ましいことは、誰でも知っています。そして、もちろん、目の下をわざと黒くして、本来のあなたより、醜く見せたりしないことです。

頭が冴えわたり、理解力を高めるためには、授業に集中し、大変そうな課題があるときは、締め切りから十分余裕をみてその課題をはじめ、ノートを復習し、必要なら、助けを求めるべきだということは、よくわかっていますね。そしてもちろん、自分をわざと、低く見たり、見せたりしないことです。

完璧な人などいません。それでも、自分の可能性を内面的にも外面的にも最大限に活かそうとすればとても気分良く、そして自分のことをもっと好きになれます！

結合法則と交換法則

私が初めて結合法則と交換法則を勉強しなければならなかったときのことを思い出すと、ため息が出てしまいます。私はすっかり腹を立ててしまったのです。こんなふうでした。まったく、どこの誰が交換法則なんて必要なんだろう？ 4＋5が5＋4と同じだからって、どうして、こんなことに難しそうな名前をつけなければいけないんだろう。おかげで、この名前を暗記しなければならないじゃないの！

その上、結合法則まである？ 冗談じゃない。(4＋5)＋6が、4＋(5＋6)と同じというだけのことなのに！ 新聞に抗議の投書をしてやる！ とにかく、そのときの私にとっては、数学用語を余分に覚えさせるために用意された言葉としか思えなかったのです。私の貴重な時間をどれだけムダづかいさせようとするのか、と思いました。

つまり、あなたが初めてこの数学用語に出会ったときの気持ちはわかります。でも、ここであなたにちょっとした秘密をお教えしましょう。信じられないかもしれませんが、これらの法則のおかげで、計算を簡単に進めることができるようになるので、これからの私たちの人生を楽しくしてくれることに大いに役立っているのです。

演算の優先順位の復習

これから数式で使われるカッコを扱っていくので、その前に、演算順序、つまりどの演算から優先して行うべきかについて、そして、パンダの食生活について復習しておくのがよいでしょう。

この言葉の意味は？・・・演算順序

演算順序は数式を計算するとき、どのような順番で行うかを決めたルールです。これを PEMDAS という言葉で覚えることにしましょう。P はカッコ（パレンセシス）(Parentheses)、E は累乗（イクスポネント）(Exponents)、M は掛け算（マルチプリケーション）(Multiplication)、D は割り算（ディヴィジョン）(Division)、A は足し算（アディション）(Addition)、S は引き算（サブトラクション）(Subtraction)の頭文字です。まずこの文字の順番に計算します。ただし、掛け算と割り算はどちらを先にしてもよいです。掛け算と割り算の優先順位は同じだからです。同じく足し算と引き算も優先順位は同じなのでどちらを先にしてもよいです。

PEMDAS だけで覚えてもかまいませんが、個人的にはパンダと結びつけて考えるのが好きです。

かわいいパンダ！ パンダの食欲ときたら、驚くべきものです。パンダ(PANDA)が、食べる(EAT)物と言えば、マスタード(MUSTARD)をつけた大量の餃子(DUMPLINGS)で、デザートには、りんご(APPLES)をやわらかく煮て、スパイス(SPICE)で味付けしたものです。とてもおいしそうです！（本当の話かって？ パンダの主食は竹です。でも、パンダは中国に棲む動物。中国といえばおいしい餃子。特にマスタードをつけると最高です。また、動物園のパンダはりんごを食べます。だから、私の言っていることはこじつけだけれど、そう的はずれではないのです。なんといっても、これは演算の順序を記憶するのに役立ちます。ここでは、これが重要な点です。）

Pandas
Eat
Mustard on
Dumplings and
Apples with
Spice

この英文を覚えられるまで声に出してくりかえし言ってみることをおすすめします。声に出して言ってみると、リズムが出てくることに気がつくでしょう。パンダの食べ物は、マスタードつきのダンプリングとアップルのスパイス煮。メインディッシュとデザートという二つの料理があることに注意してください。掛け算(M)と割り算(D)はメインディッシュとしていっしょに出てくるので、優先度は同じということです。私たちは、式を左から右

に見て、先にきたほうから計算すればいいのです。(だから、マスタードつきのダンプリングと言うかわりに、ダンプリングのマスタードつき、と言ってもよかったのです。) 足し算(アップル)と引き算(スパイス)についても同じことが言えます。デザートとしていっしょに食べるので、優先度は同じなのです。ですから、式の左から右に見て、どちらでも先に来たほう(足し算か引き算)を先に計算することにすればいいのです。

つまり、PEMDAS でなくて PEDMAS でもいいし、PEDMSA でもいいのです。私の言いたいことがわかっていただけましたか？ では、パンダの法則を使って、数式を正しく計算してみましょう。

$$36 \div (2 + 1) - 2 \times 4 - 4 + 1 = ?$$

(要注意：4 − 4 を先にしたくなるかもしれませんが、演算の優先順位に従わなければなりません。スパイスの引き算はデザートまで待たなければいけません。)

何を先にすべきでしょう？ そうです。パンダです。カッコ(パレンセシス)の中を先に計算しなければならないのでした。2 + 1 = 3。というわけで、次のように変形できます。

$$36 \div \mathbf{3} - 2 \times 4 - 4 + 1 = ?$$

次の頭文字は、E(食べる)の累乗(イクスポネント)(累乗については、方程式を極める篇第 15 章と第 16 章で学びます)ですが、この式には累乗が含まれていないので、パンダのメインディッシュのダンプリング(D)とマスタード(M)の番です。それでは、掛け算（マルチプリケーション）と割り算（ディヴィジョン）をすべて探し出し、式の左から右に演算を実行していきましょう。

左から右に見ると、この式は、まず割り算が先に出てきます。$36 \div 3 = 12$ なので、上の式は、次の問題と同じになります。

$$\mathbf{12} - 2 \times 4 - 4 + 1 = ?$$

次に、掛け算 $2 \times 4 = 8$ を実行して、

$$12 - \mathbf{8} - 4 + 1 = ?$$

と変形できました。そこで、足し算（アディション）のAと引き算（サブトラクション）のSを左から右に実行します。上の式では、引き算が先に出てきています。$12 - 8 = 4$ なので、

$$\mathbf{4} - 4 + 1 = ?$$

が得られます。さらに計算を進めると $4 - 4 = 0$ であることから、1が残りました。というわけで、$36 \div (2 + 1) - 2 \times 4 - 4 + 1 = \mathbf{1}$ という最終的な答えを求めることができました。

試しに、違う順序で計算してみてください。たとえば、初めに $4 - 4$ を実行すると、正解とはまったく違った誤答が導かれてしまいます。（なぜ誤答が導かれるか、さらに詳しいことは52ページ参照。パンダのルールに従えば、正しい答えが得られます。）

さて、ルールは理解できましたが、その上で順序を替えてもよい場合があること、つまり、どんなときに、順

番を多少変更しても正解が得られるのかについて学びましょう。

結合（アソシエイティブ）法則

あなたの学校には、いつも決まったメンバーだけで付き合っている（アソシエイト）人たちがいますか？ 他のクラスメートとは遊ばないというようなグループです。たいていの学校には、こんなグループが存在します。クラスがいくつかのグループに分かれて行動することもあります。もちろん、このグループのメンバーが変わることもあります。往々にして、とても馬鹿げた理由からです。たとえば、チアリーダーのクラブに入ったのでグループから抜けるとか、あるいは、新しいボーイフレンドと付き合いはじめたとか、もっとわけのわからない理由、単に季節が変わったからという理由で、グループ構成が変わってしまうこともあるのではないでしょうか。

理由はともあれ、中高生だけでなく、一般に人間は新しいグループと近い関係になったり、あるいは、今まで親しくしていたグループと疎遠になったりするものです。

私たちが学ぼうとしている数たちについても、同じようなことが言えるのです。

たとえば、数字の4と2は、今のところお互いに親友と思っています。二人は、数字の7とはあまり付き合いがありません。なぜかというと、数字の7はどんなに自分がすぐれているか、たとえば、背が高くてほっそりしていることを自慢ばかりしているからです。この状態は、

$(4+2)+7$ として、表されるかもしれません。

しかし来週になると、数字の 2 と 7 が大の仲良しということになるかもしれません。二人とも素数だという共通点を突然見出すかも…。つまり 2 と 7 は、自分たちの共通点について夢中で話すようになり、数字の 4 にはその内容がピンとこないということが起こりうるかもしれません。そこで、三人の関係は $4+(2+7)$ となるかもしれません。加法(足し算)の結合法則は、この二つの式がまったく同じ値であるということ、つまり、

$$(4+2)+7=4+(2+7)$$

を示しているのです。

乗法(掛け算)についても結合法則が成り立ちます。つまり、$(4\times2)\times7=4\times(2\times7)$ は正しいのです。確かに、左辺と右辺はどちらも 56 になるのですから。自分自身で試してみてください。その際、カッコの内側を先に計算することを忘れないでください。

この言葉の意味は？・・・結合法則

「任意の数 a, b, c について、$(a+b)+c=a+(b+c)$ が成り立つ。」

この加法の結合法則は、演算が足し算だけから成り立っている限り、どこにカッコをつけて先に計算しても、その最終的な答えが変わらないということを意味

しています。たとえば、$(3+2)+1=3+(2+1)$ が成り立ち、左辺も右辺も 6 になっています。

「任意の数 a, b, c について、$(a\times b)\times c=a\times(b\times c)$ が成り立つ。」

この乗法の結合法則は、演算が掛け算だけからなる限り、どこにカッコをつけて先に計算しても、その最終的な答えが変わらないということを意味しています。たとえば、$(6\times4)\times2=6\times(4\times2)$ が成り立ち、左辺も右辺も 48 になっています。

ここがポイント！　注意：どこにカッコがあるかは非常に重要なのです。なぜなら、演算の優先順位で、カッコの中は第一に計算しなければならないからです。

要注意！　結合法則は、引き算（減法）や割り算（除法）には用いることはできません。たとえば、$(3-2)-1$ と $3-(2-1)$ は同じ値を表していません。自分自身で試してみてください。左辺と右辺の値は等しくありません。

除法についても結合法則はあてはまりません。たとえば、(36÷6)÷2と、36÷(6÷2)では、まったく違う答えが出てしまいます。結合法則が成り立つのは足し算と掛け算のときだけだということをしっかり覚えておいてください。(引き算にこだわるなら、ちょっと工夫することによって結合法則が使えるようになるやり方があります。49ページを見てください。どんなふうにするか、想像できますか?)

結合法則は、掛け算を暗算でしたいときなどに便利です。次の例を見てください。

役に立つ数学

学芸会での劇の飾りつけを魅力的な転校生といっしょに任されたとしましょう。あなたはパートナーに、予算では48平方フィート(ft^2)以内の布地しか買えないと伝えました。するとパートナーは、劇には二つの窓が必要で、それぞれ幅が4.5フィート、高さが5フィートあると言いました。(いいですか、これは劇に必要な窓であって、あなたたちの将来住むことになる家の窓ではありませんよ。仕事に集中しましょう。)そこで問題、必要なカーテンは48ft^2以内でしょうか? 予算内で収めることはできますか？

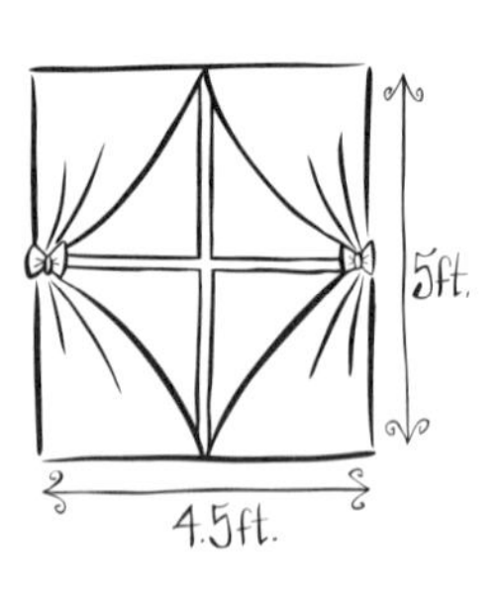

さて、あなたは頭の中で、面積は4.5×5で求めることができると考えるでしょう。それがわかったら、次に、それに2を掛ければいい。なぜなら窓は二枚あるから。そうこうしているうちに、パートナーはメモ帳に

$$(4.5 \times 5) \times 2$$

と、ちょうどあなたが考えたのと同じことを書き出しました。たぶん、あなたは4.5×5の値を即座に計算することはできないかもしれませんが、結合法則を使って、この計算を

$$4.5 \times (5 \times 2)$$

と書き直すことができることに気づきました。$(5 \times 2) = 10$になることはすぐにわかるので、4.5×10を暗算で45と計算することは簡単にできるでしょう。

あなたはにっこり微笑み、何気なさそうに「ああ、それなら、答えは45平方フィートだから予算内に収まるよ」と言います。そのキュートなパートナーは、どんなにあなたに感心したか、隠そう

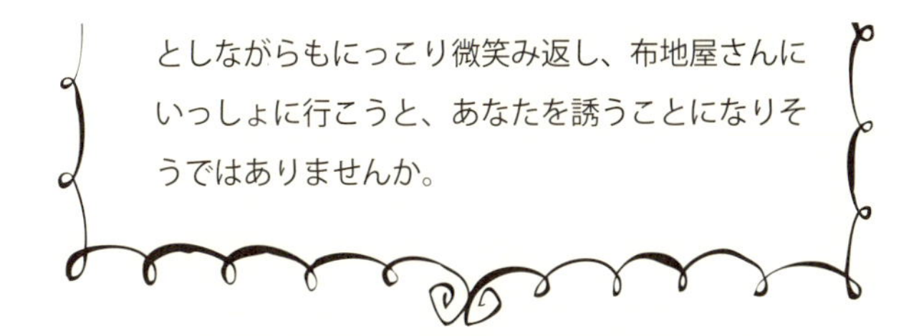

というわけで、いつもカッコの中を第一に計算しなくてはいけないのではなく、順番を入れ替えられることがあります。つまり、結合法則を使えば答えが変わることなく、カッコの位置を移動して計算の順序を変えることによって、問題によっては、はるかに計算が簡単になるということがありうるわけです。結合法則を適用したあとは、例のパンダの法則 PEMDAS の順番にもどって、普通に計算していけばよいのです。まるで、トラブルなしに規則を破る方法を学んだようなものです。

ここがポイント！　丸いカッコ（ ）と、角ばったカッコ［ ］は、どちらを使ってもかまいません。数式ではどちらも同じ意味で用いられます。

負の数

さて、負の数がある数式でも、結合法則が成り立つこともあります。たとえば、$-2+(4+5)=(-2+4)+$

5のような場合です。両辺とも答えが7になることを確認しましょう。

負の数と引き算を混同しないように。負の数が足し算の形で登場している場合は結合法則が使えますが、引き算のマイナスには使えません。つまり、$3+[-7+2]=[3+(-7)]+2$ は、足し算だけなので許されますが、$3-[7+2]$ は、引き算としてマイナスが使われているので、$[3-7]+2$ とは答えが等しくならないのです。違いがわかりましたか？

まとめ：結合法則は、足し算だけ、または、掛け算だけの計算のとき成り立つ規則です。（負の数の掛け算については第3章で勉強します。）

みんなの意見

「以前は、成績の良い女子というのは、がり勉タイプで、宿題をするのが楽しいからやっていると想像していました。でも今では、誰でも賢くて成績優秀な生徒になれるのだと気がつきました。学校で一番人気のある子が成績優秀ということだってありうるのだと思うようになりました。」チェルシー（13歳）

練習問題

次の問題を解くときには、いきなりパンダの優先順位に従って計算をはじめるかわりに、結合法則をまず応用し、計算を簡単にしてから答えを出すようにしてみましょう。最初の問題は私が解きましょう。

1. $\left(7\times\frac{1}{2}\right)\times 2=?$

解：もちろん、$7\times\frac{1}{2}$ を計算することもできますが、そうすると、分数が答えに出てしまいます。それはとても難しいというわけではありませんが、この場合には、結合法則を応用してカッコの位置を移動する方法が、はるかに計算を簡単にしてくれます。つまり、$7\times\left(\frac{1}{2}\times 2\right)$ と書き直すのです。そうすると、$\frac{1}{2}\times 2=1$ が成り立つので、答えは $7\times 1=7$ となります。

答え：$\left(7\times\frac{1}{2}\right)\times 2=7$

2. $-39+(39+58)=?$
3. $(9\times 2)\times 5=?$
4. $3\times\left(\frac{1}{3}\times 8\right)=?$

結合法則をどのように使うかを知ることと同じくらい大事なことは、いつ使うことができ、いつ使うことができないかを知ることです。きちんと理解できているかどうか、試しに次の問題をやってみましょう。

練習問題

次の問題では、それぞれカッコの位置だけが違う二つの数式が与えられています。それぞれ次の二つの問いに答えてください。a. 結合法則を用いることができて、二つの式の答えは一致しますか？ b. それぞれの数式を実際に計算し、a の答えが正しいか自分で確かめましょう。最初の問題は私が解きましょう。

1. $3+(5\times2)$ と $(3+5)\times2$

解：a. 一見、結合法則が成り立つように思えるかもしれませんが、足し算と掛け算が混ざっているので、結合法則は使えません。したがって、結合法則で二式の値が等しいかどうかはわかりません。b. それでは、それぞれの値を求めてみましょう。違った答えが出るはずです。はじめの数式は、パンダの法則にしたがって、カッコの中から計算し、$3+(5\times2)=3+10=13$ となります。次の数式も、カッコから始めて、$(3+5)\times2=8\times2=16$ と答えが出ました。

答え：a. いいえ。b. 13 と 16。

2. $7+(2+1)$ と $(7+2)+1$
3. $(6-2)+4$ と $6-(2+4)$
4. $5\times\left(\frac{1}{2}\times6\right)$ と $\left(5\times\frac{1}{2}\right)\times6$
5. $6+(2\times3)$ と $(6+2)\times3$
6. $(8\div2)\div2$ と $8\div(2\div2)$

ダニカの日記から・・・人気もののリスト

私の中学時代に、ジャスミン(プライバシーの観点から、登場人物の名前を変えてます)という名の同級生がいました。彼女は「人気のある」クラスメートのリストを作成していました。そして、彼女はそのリストに名前のあるクラスメートとだけ友だちづきあいをするのでした。彼女は毎日そのリストを書き換えるので、皆とてもストレスを感じてしまいました。考えてみればジャスミンには、誰が人気があり、誰がないのか決める権利はないのですが、たぶん、まわりが彼女のリストを信じているうちに、残りの皆もそれが正しいと信じるようになったのだと思います。

ある日のこと彼女は、その日の人気のないクラスメートとして私を選ぶことにしました。そしてそのことを、親友のヴェロニカや、リストに人気者として名前の載っているクラスメート全員に指示して、私とは話をしないようにと伝えました。(私たちが数だとすると、私は一人ぼっちで、他の皆はカッコの中にいると言えるかもしれません。)ところが、休み時間中にヴェロニカが大胆にも「私はダニカと話したい」と宣言し、私が一人でぽつんと座っていたベンチに向かって歩いてきたのです。その瞬間を私は一生忘れないでしょう。映画のワンシーンが感動的な音楽とともにスローで再生されるように思い出すことができます。ヴェロニカの反抗は、たったの一日しか続きませんでしたが、それでも、私にとっては、かけがえのないものでした。

　この話には落ちがあります。それから、二、三年してからでした。その後、テレビ番組『素晴らしき日々』に出演して名前が知られるようになっていた私は、ジャスミンとは別の高校に進学していましたが、いろいろな高校からの参加がある、あるイベントでジャスミンと偶然、いっしょになりました。驚いたことに、彼女は以前からずっと親しくしていたかのように振る舞い、電話番号まで渡してくる始末でした。あのとき、私と付き合いたくなかったのは、彼女ではなかったでしょうか？　私にとって、あんなに一大事だったことが、今ではどうでもよく感じたのは、とても奇妙な気分でした。二、三年で、人間に対する感覚がこんなに変わるなんて！　ところで、私は、彼女に対してとても礼儀正しく接しました。でもその後、彼女に電話をかけることはありませんでした。

　さて、これで結合法則についてはエキスパートになれたので、もう一つの法則について学びましょう。あなたは、運転免許を取得した先輩の自慢話を聞いたことがありますか？　そのうち、彼らもいつかは、通勤（コミュート）について愚痴をこぼすようになるかもしれません。

交換（コミュータティブ）法則

職場までの通勤は大変なものだという話を聞いたことがあるかもしれません。郊外に住み、毎朝一時間以上かけて市の中心部にある職場まで通勤（コミュート）し、それからまた、一時間以上かけて自宅に帰るというのは、ほんとうにたいへんです。

さて、交換（コミュータティブ）法則では、車や電車が行ったり来たりするかわりに、数が行ったり来たりするのです。足し算について、その意味するところは、$4+5$ と $5+4$ が同じ答えを持つということです。数学の言葉で書き直すと、$4+5=5+4$ ということです。

掛け算についても、交換法則が成り立ちます。つまり、$2\times8=8\times2$ が成り立ちます。このことについては、すでに掛け算の九九の表から気がついていたと思います。つまり、$8\times2=16$ であるし、また $2\times8=16$ だからです。

結合法則のときに見たように、負の数についても交換法則は成り立ちます。つまり、$-9+2=2+(-9)$ が成り立ちます。私の言っている意味を理解していただけたでしょうか？ なんといっても、ミンテジャーを口の中に含むときには、どの順番で口に入れるかは問題にならないからです。最後の味は同じになります。（「ミンテジャー」が何かわからない場合は2ページを参照してください。）

交換法則は、どんな数に対しても成り立つので、そのことを表すために文字を使って書くことができます。

この言葉の意味は？・・・交換法則

「任意の数 a, b について、

$$a+b=b+a$$

が成り立つ。」

たとえば、$-13+5=5+(-13)$ は、両辺とも -8 になる。

「任意の数 a, b について、

$$a\times b=b\times a$$

が成り立つ。」

たとえば、$3\times 4=4\times 3$ は、両辺とも 12 になる。

私は、交換法則(コミュータティブ)のことをまちがって“コミューナティブ”な法則と覚えてしまっていました。（もちろん、こんな言葉はありません。）しかし、毎朝郊外から市の中心までの通勤者(コミューター)の皆さんのことを思い浮かべれば T の音を忘れないようにすることができるでしょう。また、交換法則についての詩を書いてみて、コミュートとキュート（かわいい）が韻を踏むことを利用してみると良いかもしれません。（読者の皆さんが本当に交換法則についての詩を書いて私に送ってくれることを期待しているわけではありません。私のメールに交換法則の詩が届いたら、どれだけビックリすることやら！）

要注意！ 引き算や割り算には交換法則が成り立ちません。見てください。$5-4=4-5$は成り立ちますか？ いいえ。$5-4=1$なのに対して、$4-5=-1$だからです。では、割り算はどうでしょう？ $8\div2=2\div8$は、正しいですか？

$8\div2=\mathbf{4}$であるのに対して、$2\div8=\frac{2}{8}$です。約分して$\frac{2}{8}=\frac{\mathbf{1}}{\mathbf{4}}$になります。そして、私が何度確かめても、4と$\frac{1}{4}$は等しい値ではありませんでした！

女子に聞きました！

13 歳から 18 歳までの女子 200 人以上に無記名でアンケート調査をしました。あなたはどうですか？

数学の授業に、自信を持って参加していますか？

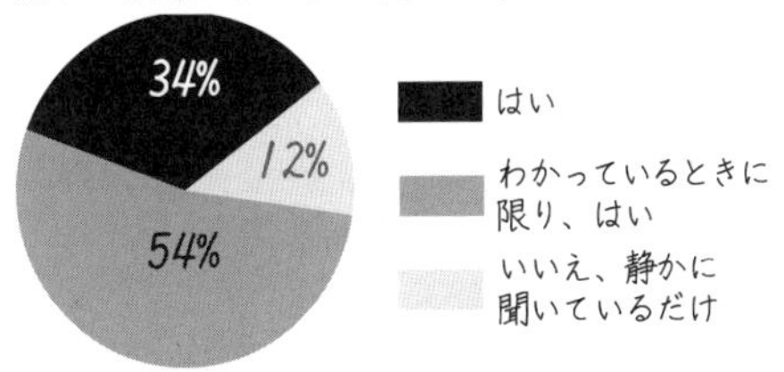

結合法則と交換法則がいっしょになると

まとめ：結合法則によって、カッコの位置を移動させることができます。学校で内輪だけで固まっているグループのように、数たちも、誰と仲良くするか変えることができるのです。交換法則によって、毎日登下校や通勤するように、数たちも行ったり来たりすることができるのです。

結合法則と交換法則を合わせて簡単に言うと、次のようになります。もし、数式が足し算だけ、あるいは掛け算だけのときには、あなたの思い通りに順番を変えたり、グループを変えたりしても、最終的な答えは変わりません。

この二つの法則は、どんな数にでも応用できるので、変数に対してもつかうことができます。変数とは、やはり数のことですが、実際の値はまだわからないというにすぎません。たとえば、二つの法則を使って、$7+[x+(-7)]$ をずっと簡単な表現に変えることができます。ここでは、x のかわりに、もっと目にやさしい 　を使いましょう。何を使うかは、自由なのですから。

$$7+[\quad+(-7)]$$

足し算の交換法則を使って、 　と -7 の順番を変えることができます。

$$7+[(-7)+\quad]$$

加法の結合法則を使って、カッコの位置を移動することができるので、二つの整数を結合させて、計算を終了す

ることができます。

$$[7+(-7)]+❀=❀$$

これを、教科書で本当に使われる変数で表すと、x になるというわけです。$7+[x+(-7)]$ よりはるかにやさしい形になりました。そうです。$7+[x+(-7)]=x$ が成り立つのです。

もっと素晴らしいことに、このとき、x の値が本当は何であるかを知っている必要はないのです。私たちは、法則を正しく実行したので、元の式の値をまったく変更していないからです。つまり、x の値が何であろうと、この式の変形は成り立つわけです。

ここがポイント！　引き算で結合・交換法則を使えるようにする方法は、唯一つ、数式の引き算部分を負の数の足し算に直す（10 ページ参照）ことです。たとえば、$[5-3]-2$ の形では、結合・交換法則を適用することができませんが、$[5+(-3)]+(-2)$ と変形することで、結合法則が使えるようになります。足し算だけの形になったからです。ずるがしこいかしら？（さらに詳しいことは 52 ページ参照。）

練習問題

今まで勉強してきた交換法則あるいは結合法則を使って、次の問題を簡単な形に直してください。(変数の代わりに花でも何でも好きな形を使ってください。) 足し算だけの式、掛け算だけの式でないために交換法則や結合法則が適用できない場合には、“使用禁止” と答えましょう。最初の問題は私が解きましょう。

1. $\frac{1}{5}\times(b\times 10)$

解：数式は掛け算だけを含んでいるので、数を移動することができます。この式を簡単にするには、二つの数を隣どうしにすることです。まず交換法則を使って、b と 10 の順番を交換して、$\frac{1}{5}\times(10\times b)$ とできます。それから、結合法則が適用できるので、$\left(\frac{1}{5}\times 10\right)\times b$ とできて、$\frac{1}{5}\times 10=\frac{10}{5}=2$ なので、答えは $2\times b$ となります。(分数の掛け算を復習したい人は『数学を嫌いにならないで』の第5章を参照してください。)

答え：$\frac{1}{5}\times(b\times 10)=2\times b$

2. $(-18.5+y)+8.5$
3. $(-18.5\div y)+1.5$
4. $7\times(z\times\frac{1}{7})$

数についてのもっと詳しい特徴や、数の「正式な」集合については、付録1を参照してください。とても基本的なことばかりなので、この章で触れることはしませんでした。それに、数のさまざまな性質は、人気度とはまったく関係ありませんからね。

この章のおさらい

演算の優先順位を覚えるためには、パンダの食事時を想像するとよいでしょう。パンダ(P：カッコ(パレンセシス))が、食べる(イート)(E：累乗(イクスポネント))物と言えば、マスタード(M：掛け算(マルチプリケーション))をつけた大量の餃子(ダンプリング)(D：割り算(ディヴィジョン))で、デザートには、りんご(アップル)(A：足し算(アディション))をやわらかく煮て、スパイス(S：引き算(サブトラクション))で味付けしたものです。食事をするとき、マスタード(掛け算)をつけて餃子(割り算)をいっしょに食べるように、掛け算と割り算の優先順位は同じなので、数式の左から右にかけて、現れる順番にやっていけばいいのです。同じことがデザートについても言えます。つまり、りんごとスパイスをいっしょに食べるように、足し算と引き算の優先順位は同じなのです。

結合(アソシエイティブ)法則では、カッコの位置が移動して、どの数とどの数がカッコの中でいっしょになるかが変わります。学校内の友人グループのように、数もだれと付き合う（アソシエイト）か、変化させることができるのです。

交換（コミュータティブ）法則では、数の位置が移動します。数の順番が変わるのは、まるで、毎日の通勤（コミュート）や通学で、行ったり来たりするのと同じようです。

注意：結合法則と交換法則は、数式が足し算だけ、あるいは掛け算だけのときにしか使えません。

PEMDASの謎を解き明かす

さて、30ページで見たように、足し算と引き算は、優先順位が同じなので、左から右の順でとばしたりせずに計算していくべきものだと教わりました。とばしたりすると、間違った答えを導く危険があるからです。たとえば、$7-2+1=\mathbf{6}$ のような易しい計算でも、最初に $7-2$ を計算せず、$2+1=3$ の足し算を先にしてしまったら、$7-3=4$ と間違った答えがでてしまいます。この間違った答え4は、本当の答え6に比べて小さくなってしまいました。どこかで余分な数を引いてしまったようです。いったい、どうしたことでしょう？

なぜこんなことが起こるのか、正しく説明できるだけの知識はもう身についたかもしれませんね。この数式を引き算ではなく、負の数を使った足し算の形に書き直してみましょう。すると、$7+(-2)+1$ となります。こうしてみると、負の数は2だけで、他はみんな正の数だとわかります。どんな順番で計算しようが、マイナスの記号は2にくっついたままです。だから、まず -2 と1を組み合わせて -1 と答えを出してもいいわけです。それから、7と組み合わせると $7+(-1)=\mathbf{6}$ と正しい答えに行き着くことができました。そうです。もはやどの順番に計算したらいいのか、気にしなくてもよいのです。なぜでしょう？ その理由は、すべてが足し算の形で表されているので、加法で成り立つ例の素晴らしい交換法則と結合法則が適用できるからです。足し算だけであれば、私たちの好きな順番に数を並べ替えることができるからです。引き算を“負の数の足し算”に直すのは、自転車に乗るときに補助輪をつけるようなものです。完璧に安全になったのです。

試験であがってしまう人は？

試験のとき緊張してしまうのは、とてもありふれたことなのです。舞台であがってしまうのも同じです。演劇の世界では、たくさんの人が、リハーサルでは平気なのに、いざ本番となるとまるで頭が固まってしまったかのように、ずっと記憶していたせりふを忘れてしまうのです。

単純に言えば、試験の出来は、冷静でいられるかどうかでほとんど決まってしまう、と言ってもよいでしょう。試験や何かに対して、ストレスを感じてパニックになると、体はそれに反応します。呼吸が浅くなり、手のひらに汗をかいたり、ときには気分が悪くなったり、めまいを起こしたりするのです。心と体は、いっしょに働くのだということを思い出して、深呼吸をして、筋肉がリラックスしているところをイメージすると、頭は、はっきり物を考えることができるようになるでしょう。体が本当にゆったりしてくると、心も落ち着いてくるのです。

本書の「サバイバル・ガイド」も読んであがり症をいっぺんに克服してしまいましょう。

先輩からのメッセージ

ステファニー・ペリー(ニューヨーク州ニューヨーク市)

過去：がり勉だけどクールな学生

現在：雑誌「Essence(エッセンス)」の財政部長

子どものころ、学校が好きでした。宿題をやり終えてよい成績をもらうことで、達成感が得られるところが好きでした。特に、算数・数学が好きでした。数が自分のものにできるように思えたのです。どの問題にも、はっきりと答えが出るところが、最高でした。

高校でも勉強は続けましたが、それだけでなく、いろいろな活動に加わることで、がり勉という枠から離れようとしました。私は陸上部のマネージャーになり、それから、チア・リーダーにもなりました。それで、私は単なるがり勉ではなく、クールなところもあると言われるようになり、ほっとしたものでした。

おかしなことに、数学が好きだったにもかかわらず、よく、どうして代数なんか勉強しなければならないのだろう、実社会で使われることなどないだろうに、と思ったものでした。

私は、完璧に間違っていました。

現在、私は雑誌「エッセンス」の財政部長をしています。この素晴らしい雑誌の一部分を担っていられるのは、最高の喜びです。

私の業務は、整数や比率、そしてさまざまな代数的な式をつかって「エッセンス」の収支を見守ることです。結局のところ、どんなビジネスでも、「数字」が生きるか死ぬかを左右します。(とにかく、売り上げが上がらないことには、商売は成り立たないからです。)

会社の財政管理に携わってみれば、どんなに自分の仕事が大事であるか実感できると思います。それだけでなく、どんなふうにビジネスが動いていくのか、観察することができます。なぜなら、会社のそれぞれの部署でどれだけのお金が必要で、どのようにそれが消費されていくのか、見ることができるからです。

たとえば、毎月の雑誌に掲載される広告から得られる収入の予算が組まれます。つまり、(メークアップやファッションなどの)広告を希望する会社が、「エッセンス」にどれだけお金を払ってくれるかを予測するわけです。そして、大切なことは、「差額」と呼ばれる、予算と実際の額の差を管理することです。そしてもちろん、差額は正または負の整数というわけです。

また私は、エッセンス社に勤める他の部署の人たちとつきあうのを楽しんでいます。社長との定期的な会議に出席したり、役員との財政的な戦略についての活発な意見交換をするだけでなく、私は、他の従業員からも信頼されるようになりました。それはたぶん、私が商売の本当の「秘密」、つまりこの会社のお金の動きを数字として熟知しているからだと思います。

もし私が数学の基礎をしっかり習得していなかったら、就職してから現段階までのキャリアでの成功は望めなかったことでしょう。

これを読んでいる皆さんへ。もし、あなたが雑誌を読むのは好きだけれど、将来、雑誌のライターになるのはいまひとつ気乗りしない、というのであれば、私がやっているような仕事をめざしてみてはいかがですか？　とても、おもしろい仕事です。

女子に聞きました！

13 歳から 18 歳までの女子 200 人以上に無記名でアンケート調査をしました。

「あなたがもっと賢くなりたいとしたらその理由は？」

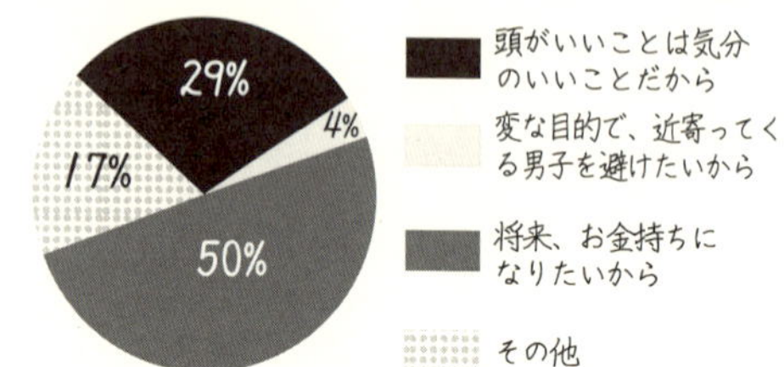

正負の掛け算・割り算

鏡に映った自分の顔をつくづくとながめたことがありますか？ 暇さえあれば鏡を覗きこんでいるのではありませんか？ 中には、鏡に映る自分自身のすべてが気に入っている人もいますが、たいていは、自分のルックスを何かしら変えたいと思っているようです。そして、たいていの人は鏡を見るとき、自分が嫌いな部分を大げさに考えてがっかりしているようです。

おもしろいことをお教えしましょう。鏡に映る自分の中で、どこか好きになれるところを見つけてみましょう。そこを集中的に眺めていると、あなたは自信がつきはじめ、あなた自身に対しても、他の人に対しても魅力的な存在になっていくのです。人生は、私たちが持っていないものにこだわっていられるほど、長くはないのですから。そして、誰もが鏡に映る自分に対して自信がないのですから。誰もがです。

それに、あなたが鏡の中に見るあなたは、実際に他の人たちが見るあなたとは違います。あなたが

鏡の中に見ているのは、右と左がすべて反対になっている姿なのです。

友人と試してみましょう。鏡のそばに立ち、まず友人を直接見てから、次に鏡の中の友人を見てみましょう。それから、もう一度、実際の友人を見てください。鏡の中の友人と本物の友人が微妙に、しかし、明らかに違って見えることに驚くでしょう。そうなるのは、鏡の中の像がほんの少し緑がかって見えるからというだけではありません。きっとあなたは、実物の友人のほうが好きに違いありません。同じように、他の人にとっても、鏡のあなたより本物のあなたのほうが好ましく見えるものなのです。

この本を鏡に映してみましょう。それから、もう一つの鏡(小さな鏡で十分です)で、この本の鏡像の鏡像を見てみましょう。映ったものは、この本が左右反対になったものをもう一度左右反対にしたもののはずです。

たぶん、もうわかっていると思いますが、二枚目の鏡を使うことによって、あなたはふたたび本の字が読めるようになりました。信じられないかもしれませんが、この鏡の現象が、整数の掛け算や割り算を理解するのに大変役に立つのです。

たとえば、$5\times(-2)=-10$ なのに、$-5\times(-2)=10$ となります。負の数と負の数を掛けた答えが正の数となるのはなぜでしょうか？ もうおわかりですね。二枚の鏡と同じことなのです。

ここがポイント！　掛け算について復習します。数どうしの掛け算を表すには、×、・、( )、[ ]といった記号を使うことができます。ここでたとえば、5掛ける3を表す書き方をいろいろあげてみましょう。

$$5 \times 3 = 5 \cdot 3 = (5)(3) = (5)3 = [5][3] = 5[3] = [5]3 = 15$$

というわけで、上で述べた例は、$(5)(-2) = -10$、あるいは $(-5)(-2) = 10$ のようにも表すことができます。

カッコを使う表し方に慣れておくことはいいことです。代数の勉強を続けていく上で、カッコはふんだんに使われるようになるからです。それはたぶん、掛け算記号×が文字 x に似ているので、混同するのを防ぐためでしょう。

整数の掛け算と割り算

実物とその鏡像がお互いに反対だったように、数にも反対の数があるのです。数直線を思い浮かべてください。ゼロの左と右に数が並んでいて、どの数に対しても、その反対の数を数直線のゼロを超えた反対側にみつけることができます。たとえば、6の反対の数は -6 で、-2 の反対の数は2というわけです。

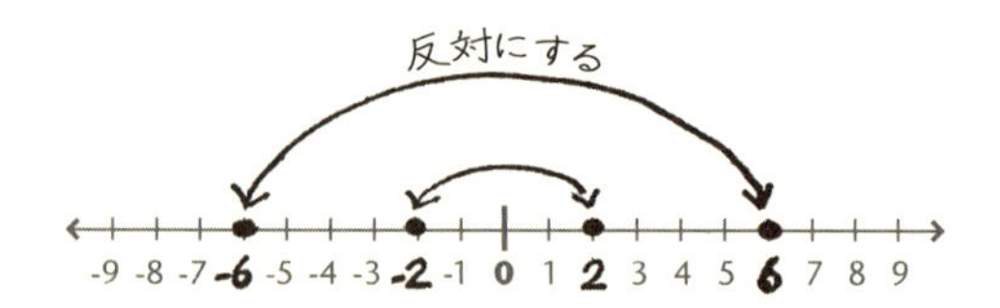

この言葉の意味は？・・・反対の数

ある数の反対とは、数直線上で、ゼロを鏡として見た反対側にある像のことです。反対の数は、正になることも、負になることもあります。たとえば、2.5 の反対の数は −2.5 で、−8 の反対の数は 8 です。ところで、反対の数どうしを合わせる（加える）と、その和はいつもゼロになります。たとえば、$2.5+(-2.5)=0$、$-8+8=0$ が成り立ちます。

−1 の掛け算：鏡を使うことと同じ

では、どうやったら反対の数を得ることができますか？簡単です、−1 を掛けてみればいいのです。−1 を掛けるということは、その数を反対にするのと同じです。

$-1 \times 5 = -5$
（−1 × → 反対にすると、5 は −5）

$-1 \times -5 = 5$
（−1 × → 反対にすると、−5 は 5）

あるいは、カッコを使った表し方では、$(-1)(5)=-5$、$(-1)(-5)=5$ となります。

負の符号が一つであれば、鏡が一枚あることを示します。そのとき、数は反対になります。二つの負の符号は、鏡が二枚あることを意味するので、元に戻ることになります。

$$(-1)(-1)(5)=5$$

反対にすると の 反対 5 は 5

ここがポイント！　-7 や $-(7)$ を見てください。この負の符号は、7 に -1 を掛けるのと同じ効果があります。つまり、$-7=-(7)=(-1)(7)$ というわけです。これらは、同じことを違う書き方で表現しただけです。つまり 7 の反対は、あなたの知っての通り -7 だということです。

実際、どんな数に対しても、その反対の反対の数は元の数に戻るのです。つまり、すべての数 n に対して、$(-1)(-1)n=n$ が成り立つというわけです。それは、$-(-n)=n$ と同じことです。

割り算も同じ

割り算についても同じようなことが言えます。つまり、-1 で割ることと -1 を掛けることは、まったく同じ結果をもたらします。両方とも、その結果は反対の数になります。(これは、-1 の逆数がたまたま -1 だから起こることです。ある数の逆数とは、その数を分数で表してから分子と分母を入れ替えた数のことです。分数の割り算の規則として学んだように、ある数で割ることは、その数の逆数を掛けることと同じでした。だから -1 で割ることは、その逆数、つまり同じ -1 を掛けるのと同じになります。逆数について復習したい人は、『数学を嫌いにならないで』の第5章を参照してください。) たとえば、$5 \div (-1) = -5$ です。これは、$\frac{5}{-1} = -5$ とも書き表すことができます。そして、掛け算の場合と同じ理由で、二つの負の数どうしの割り算の答えは正の数になります。つまり、$\frac{-1}{-2} = \frac{1}{2}$ が成り立つというわけです。

掛け算と割り算の符号の規則を次のページに表にしてみました。

この表にある負の符号に、注目してください。掛け算や割り算の計算で、負の符号が登場するたびに、鏡を一枚置いてみた自分の姿を想像してみます。鏡がまったくなければ、あなたは実物そのものです。鏡が一枚あると、あなたの姿は反対になります。鏡を二枚に増やしてみると、あなたの姿はふたたび実物と同じ像に戻ります。

それでは、たくさんの数を掛けたり割ったりしなくてはならないときには、どうしたらいいでしょう? それには近道(ショートカット)があります。負の符号の個数を数えるだけでいいのです。

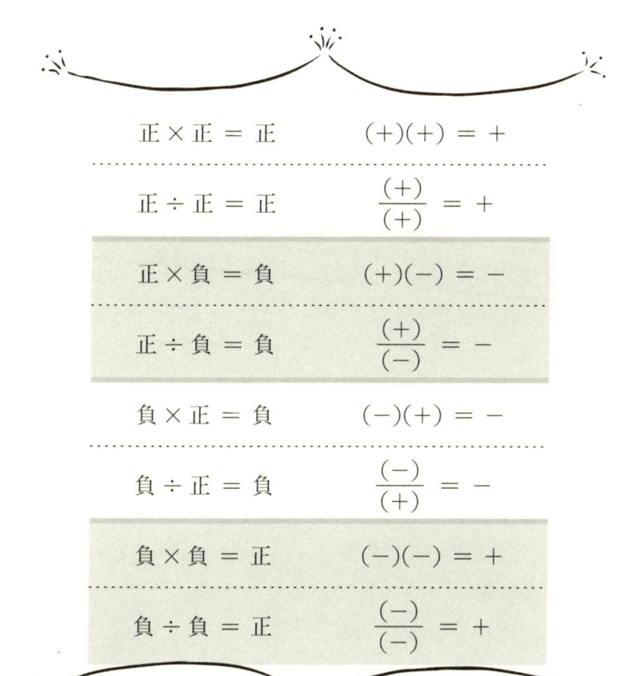

正 × 正 ＝ 正	$(+)(+) = +$
正 ÷ 正 ＝ 正	$\dfrac{(+)}{(+)} = +$
正 × 負 ＝ 負	$(+)(-) = -$
正 ÷ 負 ＝ 負	$\dfrac{(+)}{(-)} = -$
負 × 正 ＝ 負	$(-)(+) = -$
負 ÷ 正 ＝ 負	$\dfrac{(-)}{(+)} = -$
負 × 負 ＝ 正	$(-)(-) = +$
負 ÷ 負 ＝ 正	$\dfrac{(-)}{(-)} = +$

近道（ショートカット）を教えるよ！

負の符号の個数を数える

掛け算と割り算だけからなる数式で、負の符号が奇数個（1, 3, 5 など）あるときは、答えは負の数になります。それに対して、負の符号が偶数個（0, 2, 4 など）のときには、答えは正の数になります。鏡のときと同じように考えてみればわかるでしょう。

たとえば、$(-2)(-4)3$ という掛け算の答えを出したいときには、まず負の符号の個数を数えます。合計で、二つ、つまり偶数個の負の符号があるので、二枚の鏡は打ち消しあって、まるで鏡がまったくないのと同じようになり、答えは正の数となり、$(-2)(-4)3=24$ と求められます。

一方、$(-2)(-4)(-3)$ という掛け算をしたいときには、合計で三つ、つまり奇数個の負の符号があるので、答えは負の数になります。ですから、$(-2)(-4)(-3)=-24$ が正しい答えです。

同じことが割り算についても言えます。$(-9)\div(-3)$ という計算には、負の符号が二つあるので、答えは正の数です。だから、

$$(-9)\div(-3)=3$$

がわかります。

みんなの意見

「女子はありのままの姿でいるべきで、誰の前でも自分自身を低く見せる必要はないと思います。」ステファニー（17歳）

「クールな女子といると楽しいし、ありのままの僕たち自身を好いてくれます。」ジャスティン（14歳）

ステップ・バイ・ステップ

整数の掛け算と割り算

ステップ 1. まず、あなたの計算しようとしている数式が掛け算と割り算だけからなっていることを確認する。

ステップ 2. その問題に含まれる負の符号の合計を数える。その合計が奇数であれば、答えは負になり、偶数であれば、正の数が答えになる。

ステップ 3. 負の符号の存在を無視して普通の掛け算や割り算を実行し、前のステップで答えが負になることがわかっていれば、負の符号を答えにつけてできあがり。

レッツスタート！　ステップ・バイ・ステップ実践

それでは、$(-1)(-2)(-3)(-4)=?$ という計算を解いてみましょう。

ステップ 1. そうです。これは掛け算だけからなる数式です。

ステップ 2. 負の符号だけを数えます。負の符号は四つ、つまり偶数個ですから、答えは正の数になることがわかります。

ステップ 3. 正負の符号を消して、数だけを普通に掛け算します。(1)(2)(3)(4) = 24 となります。答えは正の数なので、**24** が答えです。

テイク ツー! 別の例でためしてみよう!

それでは、分数の形をした割り算の問題はどうでしょう？

$$\frac{(-4)(2)(-5)}{(-2)(5)} = ?$$

ステップ 1. はい、その通り。これは掛け算と割り算だけからなる数式です。

ステップ 2, 3. 前と同じように、負の符号の数を数えてから、いったん負の符号を消して普通に計算します。負の符号が 3 個と奇数なので、最後に負の符号をつければできあがりです。数の計算は

$$\frac{(4)(2)(5)}{(2)(5)} = \frac{(4)(\cancel{2})(\cancel{5})}{(\cancel{2})(\cancel{5})} = 4$$

というわけで、答えは **−4** になります。

ところでもし、最後に負の符号を付け忘れるのが心配な場合は、以下のように、いつも負の符号を先頭につけてから計算を実行すればいいのです。

$$\frac{(-4)(2)(-5)}{(-2)(5)} \text{（負の符号は奇数個。だから）} =$$

$$-\left[\frac{(4)(2)(5)}{(2)(5)}\right] = -\left[\frac{(4)(\cancel{2})(\cancel{5})}{(\cancel{2})(\cancel{5})}\right] = -[4] = -4$$

どちらでも好きなやり方で計算してください。

要注意！　負の符号が偶数個あるからといって、いつでも消してしまえるわけではないことに注意しましょう。たとえば、$-2-5$ や $\dfrac{-2+y}{-5}$ のような場合、負の符号を消してはいけません。足し算や引き算が関係してくれば、消去はできなくなることに気をつけてください。

ここがポイント！　負の分数を表すとき、負の符号は、ほとんどどこでも、あなたの好きなところにつけてかまわないのです。-1 を因数として取り出して、その数を正の数と (-1) の積として表すこともできます。次の表現はすべて同じことを表しています。

$$-\frac{1}{3}=\frac{-1}{3}=\frac{1}{-3}=(-1)\left(\frac{1}{3}\right)$$

このことは次のように考えれば、納得がいくでしょう。つまり、掛け算と割り算では、負の符号がどこにあるかはあまり重要なことではなく、いくつ負の符号があるかだけが問題だということです。そして、上記の例では、どの形でも負の符号は一つだけということに変わりはないのですから。

テイク スリー！ さらに別の例でためしてみよう！

$\dfrac{(-2)(-3)}{(-4)}+\dfrac{(-9)}{(-2)}$ の計算はどうすればよいでしょうか？

ステップ 1. 計算式は足し算を含んでいます。しかし、だからといって、私たちの方法が各項に応用できないというわけではありません。なぜだかわかりますか？ 負の符号の個数を数えるやり方を、それぞれの分数に別々に用いていくのです。一つの分数にだけ注目し、その他のものは何も存在しないように考えるのです。それぞれの分数を別々に処理したあと、その二つを合わせることができます。では、やってみましょう。まず、一つめの分数 $\dfrac{(-2)(-3)}{(-4)}$ だけに注目すると、それは割り算と掛け算だけから成り立っています。

ステップ 2. 負の符号の数は三つなので、この項の符号はマイナスになります。

ステップ 3. 負の符号のことはいったん忘れて(最後につけ忘れないこと)、分数を既約分数に直すやり方を使って計算しましょう。$\dfrac{(2)(3)\div\mathbf{2}}{(4)\div\mathbf{2}}=\dfrac{3}{2}$ なので、一つめの項は $-\dfrac{3}{2}$ というわけです。(分子の 2 と分母の 4 を消去して分母に 2 を残す、というよくやる書き方をしてもよかったのですが、ここでは約分するときには、分母と分子をそれらの公約数で割るのだということを思い出していただきたかったのです。これについてよく覚えていないようであれば『数学を嫌いにならないで』の第6章にある「猫まね分数」を参照してください。）これで、最初の問題は $-\frac{3}{2}+\frac{(-9)}{(-2)}$ と変形されて、だいぶ簡単になってきました。

さて、第二項に移ります。$\frac{(-9)}{(-2)}$ には二つの負の符号があるので消去して、$\frac{9}{2}$ になります。これ以上約分できないので、このまま使います。これで問題は、$-\frac{3}{2}+\frac{9}{2}=?$ となりました。$-\frac{3}{2}$ を $\frac{(-3)}{2}$ と書き直すと、次に何をしたらいいか、わかりやすくなります。そして、この変形が許されることは、67ページの「ここがポイント！」を参照してください。さて、残る計算は、ミントを合わせる普通の分子の足し算と同じということがわかります。$\frac{(-3)}{2}+\frac{9}{2}=\frac{(-3)+9}{2}=\frac{6}{2}$ から、さらに約分して3が答えになります。

答え：$\frac{(-2)(-3)}{(-4)}+\frac{(-9)}{(-2)}=\mathbf{3}$

練習問題

計算式を簡単にしてその値を求めましょう。最初の問題は私が解きましょう。

1. $\frac{-(5)(-2)}{(3)(-5)}-\frac{3}{(-9)}=?$

解：さて、この式は引き算を含んでいるので、まず、第一項だけに注目して、第二項は、存在しないとして考えましょう。第一項は、掛け算と割り算だけからなっているので、全部で三つの負の符号があることを確認し、最後の答えは、負の数になることを頭において、分数を簡素化し、次のようになります。

$$\frac{-(5)(-2)}{(3)(-5)} = -\left[\frac{(5)(2)}{(3)(5)}\right] = -\left[\frac{(\not{5})(2)}{(3)(\not{5})}\right] = -\frac{2}{3}$$

さぁ、次は第二項に挑戦しましょう。$\frac{3}{(-9)}$ は負の符号が一つだけなので負の数になります。簡単な分数に直しましょう。$\frac{3}{(-9)} = -\left[\frac{3}{9}\right] = -\left[\frac{{}^{1}\not{3}}{{}^{3}\not{9}}\right] = -\frac{1}{3}$ というわけで、この問題（引き算の記号を見落とさないように気をつけて！）は、$-\frac{2}{3} - \left(-\frac{1}{3}\right)$ を計算すればよいことがわかります。負の符号が二つ並んでいるところは正の符号で置き換えられて、$-\frac{2}{3} + \frac{1}{3}$ となります。二つの分数を組み合わせるには、一つめの分数の負の符号を分子に移してしまえば、共通分母 3 を持つ普通の分数の足し算になって計算できます。

$$\frac{-2}{3} + \frac{1}{3} = \frac{-2+1}{3} = \frac{-1}{3} = -\frac{1}{3}$$

答え：$\frac{-(5)(-2)}{(3)(-5)} - \frac{3}{(-9)} = -\frac{1}{3}$

2. $(-1)(-1)(-1)(-1)(-1)(-1)(7) = ?$

3. $\frac{-(-8)(-4)}{-(2)(6)} = ?$

4. $-\left[\dfrac{(-1)(-1)(-2)}{(-3)(2)}\right]=?$

5. $\dfrac{-(5)(-3)}{(3)(-5)}-\dfrac{9}{(-9)}=?$

6. $-\left[\dfrac{-(5)(-3)}{(3)(-5)}+\dfrac{9}{(-9)}\right]=?$（ヒント：[ ] の外側にある負の符号はあとまわしにして、まず [ ] の中を簡単にすることを考えましょう。）

負の符号の消去

この本の 17 ページで、「負の数の引き算」があるときに応用できる近道（ショートカット）を紹介したことを覚えているでしょうか？ しかし、どうして負の数の引き算が足し算に直せるのかの説明はしませんでした。たとえば、$4-(-3)=4+3$ としてよいのは、どうしてでしょう？ お待たせしました。あなたにこれが正しいことを説明できる準備が整いました。まず、$4-(-3)$ を足し算の形に直しましょう。すると、$4+[-(-3)]$ となるのではありませんか？ ここまでは、よろしいですか？（少しむずかしいようであれば、-3 の部分を指でかくしておいて、それが負の数とはわからないようにしてみると理解しやすくなるかもしれません。）二つの負の数の掛け算 $-(-3)=(-1)(-3)$ は正の数になりますね。ですから負の符号が二つ続けて出てきたときは、一つの正の符号で置き換えてよいわけです。というわけで、$4+[-(-3)]=4+3$ なのです。どうです！ わかりましたか？

それでは次に、二つの負の数の割り算がなぜ正になるのか、別の角度からの説明を紹介しましょう。たとえば、$\dfrac{(-2)}{(-3)}$ という分数を考えてみましょう。さて、分子と分母において、それぞれ因数 (-1) を外にくくり出して書き換えてみましょう。すると、$\dfrac{(-2)}{(-3)}=\dfrac{(-1)(2)}{(-1)(3)}$ となりますが、共通因数の

(−1) を約分することで、$\frac{(-1)(2)}{(-1)(3)} = \frac{(\cancel{-1})(2)}{(\cancel{-1})(3)} = \frac{2}{3}$ が得られます。このような考え方は、のちに代数の計算で、もっと複雑な式を扱うとき、共通因数で約分する場合にとても役立つので、この機会に紹介しておきたかったのです。

この章のおさらい

負の符号は、(−1) の掛け算と置き換えることができます。つまり、$-5 = (-1)(5)$ のようになります。

(−1) を掛けることは、「それの反対」と言っているのと同じことです。つまり、(−1)(9) =「9 の反対」というわけです。

ある数の反対の反対は元の数に戻るので、$-(-9) = 9$ になります。鏡に映すことを思い出してください。

掛け算と割り算だけからなる数式は、負の符号がいくつ使われているかだけに注目しましょう。もし、その数が奇数であれば最終的な答えは負の数になり、偶数であれば正の数が答えです。

負の分数においては、負の符号は分子につけてもいいし、分母につけてもいいし、あるいは分数の外側につけてもいいのです。どれでも、同じ値を表します。

ダニカの日記から・・・頭の悪いふり

女子ならだれでも、多少は身に覚えがあるはずです。もうすでに知っていることなのに知らないふりをして、男子が得意げに説明するのを感心しながら聞いてあげたり、あるいはその必要がないのに、男子の助けを求めようとしたりすることです。仕上げに無邪気そうに作り笑いをしたり、あとで友人どうしでの含み笑いをしたり。困ったものです。

ほんとうに物を知らないということは、魅力的なことでしょうか？ とんでもない！ それなのに、現実はどうでしょう？ たいていの男子は、自分で何もできないガールフレンドを欲しいなどとは思っていないことを知っているにもかかわらず、無知を装うこの方法が、男子たちからの好意を集めそうに見えるのはどうしてでしょう？

私が思うに、物事はこんなふうに起こるような気がします。あるとき私たちは、男子に、私たちよりも彼のほうがよく知っていることを質問したとします。すると、次のようになるのです。彼は、自分が少し背が高くなったように感じ、自尊心をくすぐられて、私たちを助けようと思い、自分が知っていることを嬉しそうに話すことができるのです。このことは、男子をとてもいい気持ちにさせてくれます。自分に女子たちを助ける能力があり、そして、私たちにいい印象を残すことができると知って、自分を誇り高く感じ、満足感でいっぱいになり、自分の力を示すことができた気分にしてくれるからです。

そして、もし、私たちがこの男子を好きになったとしたら、どうなるでしょう？ 私たちは、彼にそのいい気分を持ち続けて欲しいと願うでしょう。なぜかというと、彼がいい気分でいられれば、もっと私たちといっしょにいたいと思ってくれるかもしれないからです。問題は、この過程で、私たちが物を知らないふりをしているうちに、自分で自分自身の価値を低くみてしまい、極端な場合、どんな小さなことでも、すべてその男子に頼ってしまうようになることです。はじめは彼をほんの少しいい気分にさせたかっただけなのに。

そうこうしているうちに、彼自身があなたの本当の姿に気づかなければ、何も自分でやろうとしないあなたに嫌気がさしてしまうかもしれません。

ここで、ちょっとした公式をご紹介しましょう。

男子が彼の能力を示す＋女子がそれに感心する
＝その男子は最高に幸せである。

もちろん、この公式を満たすために、自分自身を低く見せることも可能です。それには、代償を支払わねばなりません。男子たちは本当は、自分で何もできない女子が好きではないということ以外にです。それは、自分自身を実際より低く見せるというのは、習慣化しやすく、容易に止めることはできなくなるという、致命的な代償です。それで、人生のすべてを失敗するというくせがついてしまうことです。もし、あなたが男子のために(あるいは、だれのためであっても)、自分自身を貶めたとすると、あなたはその演技を続けるということから逃れられなくなるでしょう。なぜなら、あなたは、あなたのうそが「ばれてしまう」ことを恐れるでしょうから。そして、あなたは自分自身に対して誇りを持つことができなくなるでしょう。そして自分では、それがなぜなのか、つきとめることはできないでしょう。

何か、もっといい方法があるはず。その通り、方法が存在します。

その男子がどうしようもない悪い心の持ち主でない限り、あなたが自立できない女子であって欲しいとは思っていません。彼が望んでいるのは、あなたの前では自分が頭のいい存在であると思えることです。この違いがわかりますか？

考えてみてください。私たち女子は男子を甘く見ていることになりませんか？　男子に自分の頭が良くなったように感じてもらうには、私たちが馬鹿なふりをするしかない、と女子が考えているとすれば、それは少々うぬぼれがすぎるのではありませんか？ 男子も賢いし、才能にあふれ、彼ら自身が十分に価値ある存在なのです。私たちは、もう少しクリエイティブになって、二つのことを同時にしてみませんか？ つまり、私たちも賢明にふるまいながら、同時に男子に自分の才能をひけらかす本当の機会を与えてあげるのです。

これを試してみてください。あなたの好きな男子を注意深く観察して、あなたがあまりよく知らない分野で、彼が本当に得意なことを二つ、三つ探りだしましょう。そして次に、あなたが頭がよくないふりをしたくなったときは、そのような演技をするかわりに、話題を変えるチャンスをねらって、その彼の得意なことを質問しましょう。いい考えではありませんか？ 実際にあなたは何か新しいことを学ぶかもしれません。

それから、もう一つ。男子は、多くの場合、女子よりも肉体的にはるかに強いのです。それは身体的な事実です。というわけで、こんな方法もあります。男子に、何か重いものをあなたのためにもちあげてもらえないか、頼んでみましょう。あるいは、なかなか開けられない壜のふたであるとか、(もし、彼の背が高いのであれば)高いところにある棚にあるものをとってもらうこともいいかもしれません。あまり表には出さないかもしれませんが、頼まれたことで、彼はいい気分になります。あなたが経験をつむほど、このことについてよく知ることになると思いますが、私の言うことを信じてください。男子は、いつも自分の強みをひけらかすことが好きです。これは昔からそうなのかもしれません。

よく聞いてください。一人の男子のために、自分を貶める必要はまったくないのです。二人の人間関係がよいかどうかは、二人ともお互いから学ぶことができ、成長していけるかで知ることができます。だから、男子との会話を、彼らから実際に新しいことを学ぶいい機会だというふうにとらえましょう。（そしてもし、あらゆることについてあなたのほうがより知識があるようであれば、もしかしたら、彼はあなたのよいパートナーではないかもしれませんね？）これは、あなたがこのようにふるまうほどうまくいくはずです。利点はというと、彼はあなたをもっと尊敬するようになるでしょうし、そして、もっと大事なのは、あなたが自分自身をもっと誇りに思うことができるようになって、あなたの可能性を十分に引き伸ばすことができるということなのです。

絶対値への招待

数学をするときは、緊張しなければならないなんて言ったのは誰でしょう？ むしろ温泉に行くような気分で数学をすることはできないでしょうか？ はい、できます。この章で紹介する絶対値の考え方は、その一つと言えるでしょう。ここで学ぶのは、ゆったり考え、細かいことを気にしない、というとてもポジティブな概念です。さぁ、温泉気分ではじめましょう。

絶対値

7ページで、二つのミンテジャーのうち、一つは正の値を持ち、もう一つは負の値を持つとき、この二つのミンテジャーを足し合わせた答えが0になる例を見たことを覚えていますか？ それは、6と-6が、お互いにちょうど反対の位置にあるからです。

$$-6+6=0$$

つまり、-6と6は強さが同じで、この二つが完全にお互いを消去し合うのはこのためです。**絶対値**というのは、そのミンテジャーの強さだけを表す言葉です。それが正の数か、負の数かにはまったく関係しません。「絶対的な値」は、その数の0からの距離を表すと言い換えてもいいでしょう。−6という値は、6という数値に対して、はるかに小さい値ですが、数直線上においての0からの距離(六歩)を比べると、どちらもまったく同じです。というわけで、6と−6は同じ絶対値を持つのです。

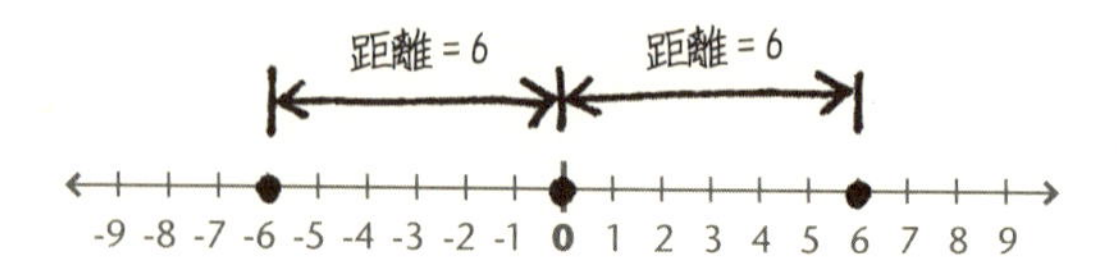

この絶対値を記号で表すときは、短い縦の線分||を使います。ですから「−6の絶対値は6である」と言いたいときは、$|-6|=6$と書けばいいわけです。

この言葉の意味は？・・・絶対値

与えられた数値や数式の絶対値というのは、数直線上において、その値と0の間の距離を示します。たとえば、$|6|=6$、$|-6|=6$、あるいは、$|4-7|=|-3|=3$のように使うことができます。

ここがポイント！ 0の絶対値は、0です。

$$|0| = 0$$

絶対にポジティブな気分になる温泉

これらの絶対値の記号にはさまれた空間は、とても幸せな空間に違いありません。まるで、ゆったりと温泉につかるようなものかもしれません。なぜかというと、その中に入った人は誰でも出てくるとき、とても幸せな気分になっているからです。とてもやる気に満ちて、ポジティブな気分にしてくれるのです。たとえば、$|-163| = 163$のようにです。入る前にはネガティブだったのに、中にいる間にゆったりとして、絶対に幸せになって出てくるのです。

実際、短い縦の棒の間にどんな数式がこようと、それらの絶対値は、決して負（ネガティブ）にならないのです。その理由は、こう考えることができます。与えられた数の絶対値は0からの距離であり、距離は決して負（ネガティブ）にならないからです。たとえば、「-2キロメートル走る」というのは、たとえ、あなたが後ろ向きに走ったとしても不可能なのです。

ステップ・バイ・ステップ

与えられた数式の絶対値を求める方法

ステップ 1. 絶対値の記号の中身が一つの数になるまで、記号内を計算する。

ステップ 2. (もし最後に残った数が負の数であれば)負の符号を取り除く。それから、絶対値の記号をはずす。そのほうがわかりやすければ、絶対値の記号を普通のカッコに直してもよい。完成！

要注意！　絶対値の記号の内部の計算が終わるまでは、絶対に負の符号をはずしてはいけません。たとえば、$|-5-3|$ が与えられた時、内部の計算が終了する前に負の符号をはずして、$|-5-3|=|5-3|=2$ としてしまったらどうでしょう？ これは誤った答えを導いてしまいます。もし、内部の計算を優先すると、$|-5-3|=|-5+(-3)|$。これは、二つの負のミンテジャーを組み合わせているので、結果はさらに負のミンテジャーになり、$|-8|$ が得られます。そして、絶対値温泉から正(ポジティブ)になって出てくるので、$|-8|=8$ が正しい答えです。

負の符号は小さくて見逃しやすいので、いつも絶対値記号の内側から先に計算することを習慣づけましょう。そして、最後に負の符号を取り除きましょう(もちろん、計算結果が負の数になったらの話です)。とにかく、絶対値の計算が含まれているときは、他の問題とは違い、ステップをとばさないことが、賢いやり方です。絶対値の計算を暗算でするのはおすすめできません。絶対値の計算では予想通りにいかないことが多いからです。

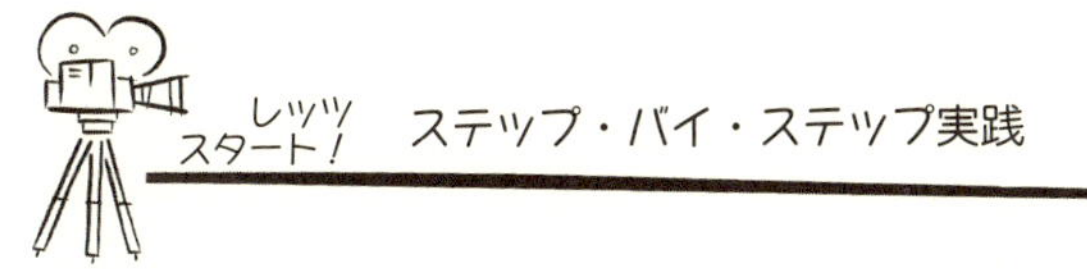

$|-10-(-3)|$ の値を求めましょう。

ステップ 1. まず、内部にある数式が何を表すか、計算しましょう。第1章で見たように、負の符号が二つ続くときは、正の符号一つで置き換えることができたので、$-10-(-3)=-10+3$ とその値を変えずに簡単にできます。そこからは、口の中でミントを混ぜ合わせることを想像して、$-10+3=-7$ と答えが出ます。というわけで、私たちの問題は、$|-7|$ を解くことと同じとわかりました。

ステップ 2. 負の符号を取り除き、小さな縦の棒もはずしましょう。ここでは、カッコをつける必要はないので、7が答えです。

答え：$|-10-(-3)|=|-7|=\mathbf{7}$

ここがポイント！　カッコと同じように、絶対値の記号の外側にある数がぴったりくっついているときは掛け算を意味します。つまり、$3|8| = 3 \times |8|$ となります。

テイク ツー！　別の例でためしてみよう！

$3|4-9|$ を計算しましょう。

ステップ 1. まず、初めに絶対値の記号の内部を計算しましょう。$4-9=4+(-9)=-5$ がわかります。

ステップ 2. 問題は $3|-5|$ となりましたが、絶対値の内部にあるのはたった一つの数なので、それを外に出して、正にすることができます。また、3 がすぐ隣にあるので、絶対値の記号をカッコに直して、$3(5)=15$ が答えとなります。

ここがポイント！　30 ページの演算の優先順位 PEMDAS で、カッコ（パレンセシス）が最優先であることを勉強しましたが、絶対値の記号 | | はちょうど、( ) や [ ] と同じ扱いになります。中身がなんであろうと、それが何になるのか、第一に計算す

る必要があります。内部の計算をしたあと、外に出てくるときには正の数になっていることを確認しましょう。その後、絶対値の外側にある数と掛け算するときには、上記の例で見たように絶対値の記号をカッコに置き換えることができます。

テイク スリー！　さらに別の例でためしてみよう！

$5-|-10-(-3)|$ の値を求めましょう。

上記の「ここがポイント！」に従うと、PEMDAS の演算優先順位から絶対値は、カッコと同じ優先順位なので、第一にその内部を計算する必要があります。5の存在はしばらく忘れて、$|-10-(-3)|$ だけの問題だと考えてみましょう。ちょっと待ってください。これは、すでに 83 ページで、$|-10-(-3)|=7$ と答えを出したばかりではありませんか。答えが正（ポジティブ）なのはあたりまえでした。なぜなら、温泉から出てきたばかりですから。

さて、はじめの問題全体をみてみましょう。

$$5-|\mathbf{-10}-(\mathbf{-3})|=5-|\mathbf{-7}|$$

（ここでの二つの負の符号は消去されないことに注意しましょう。）

$$5-\mathbf{7}=\mathbf{-2}$$

というわけで、最終的な答えは、$5-|-10-(-3)|=$

−2 です。

あなたの考えていることを、あててみましょうか？ 答えが、負の数になったことに驚いているのではありませんか？ 絶対にポジティブな温泉の章だったはずなのに！ どんなにひどい温泉だったのかしら？

そうなのです。どんなに気持ちよくなって温泉から出てきたとしても、その直後に、ポジティブな 7 氏は負の符号に出会ってしまったのです。大丈夫、7 氏はまたあしたにでも温泉の予約をするとよいでしょう。(7 氏は日曜日に仕事の電話がかかってきたのでしょうか？ いったいどんな気持ちだったでしょうね。)

みんなの意見

「私はストレスを感じたときは、気持ちを落ち着けて、たった一つのテストにすぎないことを思い出すようにしています。もし失敗したからといって、これだけで落第するということはないのです。過去を変えることは不可能ですが、次の機会にもっとがんばってみることは、いつでも可能なのです。」アレクシス（14 歳）

「だれでも、ストレスを感じることはあります。そして、ストレスと共存していくことを学ばなければなりません。私は、ストレスは、場合によっては私たちの問題解決能力を成長させ、もっと責任を果たすことができるようになる手助けをしてくれると、信じます。」アマンダ（15 歳）

これは、強調しすぎるということはない大事な注意事項なので、もう一度、ここで繰り返します。絶対値の計算では、ステップを省略しないこと。焦ってステップをとばすと、あとで後悔することになるでしょう。私は、冗談で言っているのではありません。私が今、あなたの目をじっと見ていることを想像してみてください。私の顔を見れば、私があなたの未来を見ていることがわかるでしょう。おそらく私の眉は、恐怖でゆがんでいるでしょう。想像できましたか？ はい、このくらいで、十分でしょう。

練習問題

次の数式を計算しましょう。最初の問題は私が解きましょう。

1. $9-2|-4-(-1)|-5=?$

解：まず、$|-4-(-1)|$ 以外には何も存在しないものとして、この絶対値を求めましょう。絶対値の記号の内側にある二つの負の符号は、一つの正の符号で置き換えることができるので、$|-4+1|=|-3|=3$ となるのはよろしいですか？ 次に、3 を元の式に戻すと、$9-2(3)-5$ が得られます。掛け算を優先して(PEMDAS の演算優先順位を思い出しましょう)、$9-6-5$ と変形できます。引き算を負の数の足し算に置き換えて、$9+(-6)+(-5)$ が得られます。そして数式の左から右に計算を進めると、$3+(-5)$ と計算できて、これは -2 になります。

答え：$9-2|-4-(-1)|-5=\mathbf{-2}$

2. $2|7-8|+5=?$
3. $5-|-3-(-1)|-1=?$
4. $1-|-\frac{1}{2}|=?$
5. $1-|-\frac{1}{2}|+2|7-8|=?$

要注意！　絶対値の記号の内側に変数がある場合は注意すべきことがあります。絶対値の記号から外に出ると正になるというやり方は、数には当てはまりますが、変数についてはもう少し注意が必要です。それはなぜかというと、そもそも変数の性質から、それが正の値を持つのか、負の値を持つのかわからないからです。たとえば、$|-x|$ を x と置き換えてしまいたいかもしれませんが、これは間違っています。x がどんな値を持つのかわからないからです。もし $x=-5$ であれば、$-x=-(-5)=5$ が成り立つので、$|-x|=-x$ が正しい置き換えというわけです。そうです。$-x$ が正の数を表すことも可能なのです。信じられませんか？ というわけで、$|-y|$ のような表現をみかけても、決して自動的に y で置き換えたりしないことです。なぜなら、$-y$ は 0 からどれだけ離れているか、だれにもわからないからで

す。$|-y|=-y$ ということも、十分ありえることだからです。この時点では、$|-y|$ は y と $-y$ のうち、どちらに置き換えられるかわからないというのが正しい答えなのです。

この章のおさらい

- 絶対値の中にある数式の答えがどんな値になろうとも、絶対値の記号から外に出るときは、必ず正（ポジティブ）（または、0）になることに注意しましょう。これは、絶対値が0からの距離を表す量だからです。距離は負の値にはならないからです。あるいは、中の数が温泉を出た後にどんなにポジティブな気持ちになっているか、考えてもいいでしょう。

- 絶対値の中の数式を第一に計算しましょう。それから残りの部分を考えるといいでしょう。

- 絶対値を含む計算をするときは、くれぐれも計算の途中を飛ばさないように、気をつけましょう。一見して簡単だと思っても、意外な結果になることが多いからです。そして、計算ミスをしやすいからです。

テストに失敗したら、どうすればいい？

あなたは、試験に備えて勉強しました。でも、どのぐらい良くできたか確信が持てません。そして、テストが返却されたとき、あぁ、胃がきゅっとしまって、顔から血の気が引いていきます。誰でも、そんな経験を持っているはずです。もちろん、私も経験済みです。だから、安心してください。

大丈夫、私がこれからあなたに新しい見方をお教えしましょう。第一に、たとえあなたが今、もう世の中の終わりがきたように感じていたとしても、自分自身に向かって、このテストが 5 年後にどれだけ重要か、問いかけてみるべきです。10 年後には、どうですか？ 正直なところ、たぶんあなたは、その悪い点数のことを覚えてさえいないでしょう。

実際、そのテストがあなたにとってマイナスの効果があるとしたら、それは、悪い点数のためにあなたが努力することをあきらめてしまうことです。それが唯一の理由で、それ以外には何も悪影響はありません。そして、それであきらめてしまうのは、まことにもったいないことです。

あなたが人生で成功するか、失敗するかが、たった一つのテストで決定されることは、絶対にありません。私たちはだれでも、一度や二度は悪い点数をもらうことがあります。（私は大学の数学のテストで 100 点満点のうち 52 点だったことがあります。私はそのオレンジ色のペンで書かれた点数を決して忘れることはないでしょう。）良かったり、悪かったりするのは、人生につきものです。唯一あなたを特別な存在にしてくれるのは、あなたがそれにめげずに、自分自身を信じて学力を向上させるよう努力を続ける能力があるかどうかです。

実際、失敗の経験なくして自分自身を信じる能力を鍛えることはできません。そして、失敗の過程はあなたを前よりも強くしてくれるはずです。失敗は気持ちのよいものではないかもしれませんが、それはあたりまえに起こることで、しかも、人生の重要な部分を占めているのです。

物事がうまくいっているときには、自分を信じることは容易ですね。だれでも、これは得意なはずです。しかし、調子の悪いときにも自分を信じて、自分自身の親友でありつづけることはできますか？ むずかしいのは、壁にぶつかったとき、一つのテストに失敗したとき、あるいは、他の間違いを犯したときにも自分自身を信じることができるかどうかです。

失敗したときに自分を信じるというのは、どういうことでしょうか？「失敗するのはよいことだ」と口に出して言うことでしょうか？ とんでもありません。本当の意味は、自分を向上させる機会を探すことです。たとえば、巻末の「サバイバル・ガイド」にあるアイデアを参照してください。もっと睡眠時間を確保したほうがいいと、気づくかもしれません。あるいは個別指導やインターネットで相談することが必要な段階になっているのかもしれません。助けが必要なときは、助けを求めることが大事だということを忘れないでください。

こうしたことを学ぶために「失敗する必要があった」というのも事実ですから、それはそれでよいのです。ビジネスの世界で大成功したという人たちの本を読んだことがありますか？ そういう人たちは成功する前に、たくさんの失敗を経験しているのです。違いが出るのは、彼らがその失敗をどう処理したかというところです。さぁ、その失敗の体験を通して、以前より強くなり、もっと成功したいという決心を固め、そしてその過程では、自分自身に対して優しい態度で接するようにしましょう。もしあなたが、生まれたばかりの子猫がはじめて歩くことに挑戦し、失敗するのを見たら、どんな反応をしますか？ あなたはきっと、その猫の赤ちゃんを励まし、歩く練習を続けるよう励ますのではありませんか？

あなた自身に対しても、同じように接しましょう。あなたは、自分自身からの協力がもっとも必要なときなのですから。自分を責めてばかりいるのは、そのテストの結果から勉強しなおさなければならないエネルギーを無駄に使っていることになりませんか？（積み重ねの教科である数学では特に、テストの後も、試験範囲を完全に理解するように注意しなくてはなりません。なぜなら、そのテーマは次の課題にも必要になってくるからです。）

というわけで、テストで悪い点数をとったときには、――それは、誰にでも起こりうることですが――人生の中で悪いニュースを受け取ったときに、それを乗り越えるための練習だと思って、前向きに前進する方法を探しましょう。つまり、その失敗を、将来への良い結果のきっかけに変化させるのです。そして、良きにつけ悪しきにつけ、どうすれば自分が自分自身の親友になれるかを学びましょう。

女子に聞きました！

13 歳から 18 歳までの女子 200 人以上に無記名でアンケート調査をしました。

あなたの数学の先生はあなたの質問に答えてくれますか？

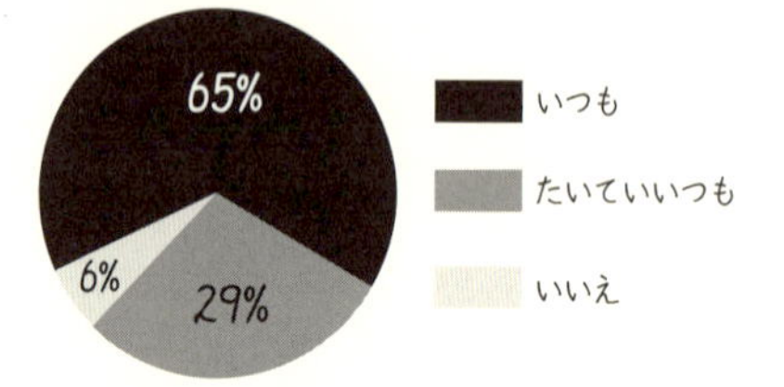

この結果に驚きましたか？ ほとんどすべての先生(94%)は、生徒の質問にほとんどいつでも答えてくれているのです。ですから恥ずかしいと思っても、質問がある場合は、授業中でも授業のあとでも、先生に質問しましょう。

平均値、中央値、最頻値

あなたは、たとえば次の数

12, 3, −2, 8, 9, 3

が与えられて、それらの数の**平均値**、**中央値**(**メジアン**)、**最頻値**(**モード**)を答えなければならないという問題に出くわしたことがあるかもしれません。

あぁ、数学用語はもう十分学んだかと思った矢先に、またもわからない言葉がでてきてしまった。しかも、三つも一度に。

本当のことを言うと、この三つの用語はやさしいものばかりです。どの用語がどの方法に対応するか、混乱しやすいかもしれませんが、一度この章を勉強すれば、二度とどれがどれだったか、間違えることはないでしょう。それは保証します。

平均値

たとえば、あなたの新しいボーイフレンドが、金曜日から一週間の家族旅行に出かけたとしましょう。彼の旅行中は電話で話をするのではなく、スマートフォンでメッセージを交換することにしました。

あなたは、まだ、彼があなたのことをどのぐらい気に掛けていてくれるのか確信が持てません。つまり、一週間離ればなれでも彼はあなたを好きなままでいてくれるでしょうか？ そこで、あなたはこっそり、毎日彼が何回メッセージを送ってきたか、日記に記録するかもしれません。すると、次のような表ができあがりました。

金曜日	土曜日	日曜日	月曜日	火曜日	水曜日	木曜日
9	7	4	2	0	1	5

数だけを取り出すと、9, 7, 4, 2, 0, 1, 5 となります。

ウーム。彼は、火曜日と水曜日にはとても忙しかったようですが、それでも全体を見れば彼はあなたのことを忘れてはいなかったと言えるのではありませんか？ 彼が一日あたり送ったメッセージは何通になりますか？ この一日あたりの数字を得るためには、表にあるすべての数の和を求めて、それを彼が旅行に行っていた合計日数である 7 で割ればいいのです。

$$\text{一日あたりの数} = \frac{9+7+4+2+0+1+5}{7} = \frac{28}{7}$$
$$= \frac{28 \div \mathbf{7}}{7 \div \mathbf{7}} = \frac{4}{1} = 4$$

つまり、彼は一日あたり 4 通のメッセージをあなたに送ってきたことになります。なかなか悪くないではありませんか？ どうやら彼は本当にあなたのことが好きなようです。遠く離れていても安心な人のようです。彼とのお付き合いはつづけたほうがいいかもしれませんね。

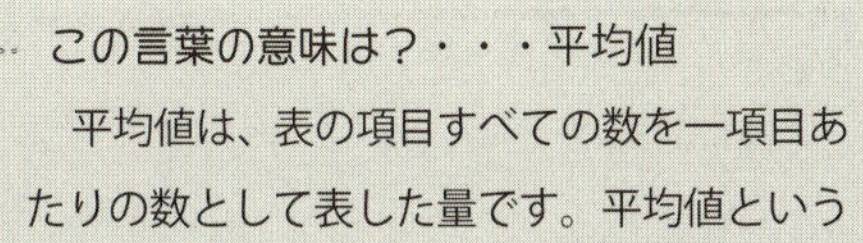

この言葉の意味は？・・・平均値

平均値は、表の項目すべての数を一項目あたりの数として表した量です。平均値という言葉を難しく考えることはありません。平均値を求めるのにすべきことは、すべての数を足してそれを数の個数で割るだけなのです。

ステップ・バイ・ステップ

データ(表にまとめられた数)の平均値の求め方

ステップ 1. 表にあるデータの数値をすべて足し合わせる。

ステップ 2. ステップ1の答えを分子に、表にあるデータの個数を分母にした分数を作る。

ステップ 3. その分数を既約分数になるまで約分するとそれが平均値を表す。

ここがポイント！　その表のデータに0があるときは、データの個数を数えるときに、それも1個のデータとして数え忘れないこと。

ステップ・バイ・ステップ実践

表に書かれたデータが 4, 1, 0, 6, 4 のとき、そのデータの平均値を求めましょう。

ステップ 1. すべての数の和を求めます。$4+1+0+6+4=15$ となりました。

ステップ 2. データの個数は全部でいくつか数えると、0 も含めて 5 つあることがわかります。そこで 15 を 5 で割るので分数 $\frac{15}{5}$ が得られます。

ステップ 3. 約分して $\frac{15}{5}=3$ となります。

答え：平均値は 3 です。できました！

ここがポイント！ データの中に負の数が混じっていることもあります。そのときは正の数も負の数も含めてすべてのデータを足し合わせましょう。負の数の混じった足し算の復習をするときには第 1 章を参照のこと。

テイク ツー！　別の例でためしてみよう！

データ $-4, 11, 0, 15, -9, -1$ は寒い冬の日の気温を表したものです。この平均値を求めてください。

ステップ 1. 数値を足し合わせます。$-4+11+0+15+(-9)+(-1)$ の答えを求めます。まず、$-4+11=7$ がわかります。そして、次の項、その次の項と、順々に加えていけば、最後に $-4+11+0+15+(-9)+(-1)=12$ と、和が求められます。

ステップ 2. データの個数を数えると 6 個あることがわかるので、12 を 6 で割り、分数 $\frac{12}{6}$ が得られます。

ステップ 3. 約分して、$\frac{12}{6}=2$ となり、できました。

答え：平均気温は 2 度です。寒い！

中央値

中央値の英語メジアンとミディアムはとても響きが似ていると思います。スモール(S: small)、ミディアム(M: medium)、ラージ(L: large)という言葉を聞いたことがあるでしょう。つまり、あなたが並べられたデータの数値の中からメジアンを求めるように頼まれたら、まずその数値を小さい順に並べて、どれが S(小)あるいは M(中)、L(大)にあたるのかを見ればいいわけです。

データの数値が

$$-1, 6, -7, 5, 7, 4, 6$$

だったとしましょう。まず、一番小さい数を左に、一番大きい数を右になるように並べ替えます。真ん中に残った数がまだ複数あれば、同じように、その中で一番小さい数と一番大きい数が左と右になるよう並べ替えます。これを繰り返し、最後に

$$-7, -1, 4, 5, 6, 6, 7$$

↑

←スモール　メジアン　ラージ→

となります。最後まで真ん中に残った数こそが中央値です。この場合は5になりました。

ここがポイント！　もし、中央に二つの数が残った場合、たとえば、

$$-9, -2, 4, 7, 10, 14, 51, 86$$

↑　↑

のときは、どうしたらいいでしょう？

これには、ちょうど真ん中の数というものが存在しません。そこで、真ん中にある二つの数、ここでは7と10の平均値を求めます。つまり、二つの数を足し合わせて2で割るのです。つまり、7と10の平均値は $\frac{7+10}{2}=\frac{17}{2}=$ 8.5となるので、8.5が中央値です。

この言葉の意味は？・・・中央値

数値のリストが与えられたとき、その中央値（メジアン）とは、小さい順にその数値を並べたときの、真ん中の数（あるいは、中央の二つの数値の平均値）のことです。

ステップ・バイ・ステップ

データの中央値の求め方

ステップ 1. データにある数を最も小さい数から最も大きい数まで順番に並べる。同じ数があるときも省略しないこと。

ステップ 2. もしデータの個数が奇数ならば、ちょうど真ん中の数が存在するので、それをとりだして中央値とする。

ステップ 3. データの個数が偶数ならば、真ん中の二つの数の平均値を求める。その答えが中央値となる。

レッツスタート！ ステップ・バイ・ステップ実践

次のデータの中央値を求めましょう：$-1, 9, 7, -5$。

ステップ 1. まず小さい順に並べます。 $-5, -1, 7, 9$ となりました。

ステップ 2. ちょうど真ん中という数値が存在しません。

ステップ 3. そこで、真ん中の二つの数は -1 と 7 なので、これら二つの平均値を求めるために和を求めて 2 で割ります。 $\frac{-1+7}{2} = \frac{6}{2} = 3$ と計算できました。

答え：中央値は 3 です。

映画スターに聞きました！
「私の心を動かしたいと思うなら、私の野心に訴えることが一番。私が男性に求めるものは、情熱と野望です。そして、知的であることほど魅力的なことはありません。だから、私のパートナーも同じことを求める人が望ましいわけです。」
ジュリア・スタイルズ(女優、コロンビア大卒、「ジェイソン・ボーン」シリーズにニッキー役で出演)より。

最頻値

知り合いの iPod を見る機会があって、その人の最近よく聞く曲のプレイリストを見つけたとしましょう。そのリストには、ポップ・ソングが二、三曲、クラシック・ロックもちょっぴりありましたが、残りの曲は全部サンバだったとしましょう。つまり、他のどんなジャンルの音楽に比べても、サンバが圧倒的に多いので、彼女はサンバのムードの持ち主と言っていいでしょう。モードという言葉はムードと似ていますね。そこで、彼女はサンバのモードにあるといってみましょう。モードとは、最も頻繁に現れる状態、と考えればよいのです。

次の数の“プレイリスト”を考えましょう。この**モード**、つまり**最頻値**はいくつでしょうか？

$$-1,\ -7,\ 2,\ 42,\ -7,\ 18,\ -7$$

-7 は、他のどの数よりも頻繁にリストに現れるので、このリストのモードは -7 であるということができます。

ここがポイント！　最頻値は一つとは限りません。データに最も頻繁に出現する数が二つ（あるいは、それ以上）あるとします。この場合、いずれの数も最頻値となります。たとえばデータが 1, −6, 4, 5, 1, 1, 4, 6, 6, 4 となっていれば、最頻値は 1 と 4 です。1 と 4 が最も多く、どちらも三回ずつ現れているからです。最頻値がないということもありえます。ボーイフレンドのメッセージの回数のように、どの数も一度しか登場しないときには、最頻値はなし、というのが答えです。

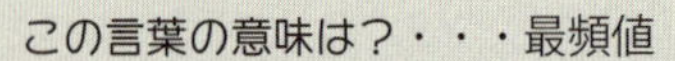

数値のリストが与えられたとき、その最頻値(モード)は、その中で、最も頻繁に現れる数値を指します。モードからムードという言葉を連想してみましょう。最頻値が二つ以上となることもあります。

ステップ・バイ・ステップ

データの最頻値の求め方

ステップ 1. データのリストの中に同じ数値が何回現れているかを数えて、そのうちで最も頻繁に現れている数を探します。それが最頻値です。最頻値は二つ(あるいは、それ以上)あったり、あるいは、まったくなしということもあります。

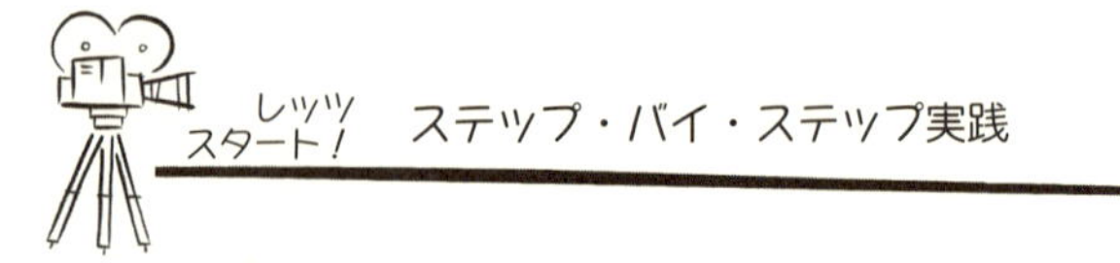

データ 3, 1, −4, 6, 3, 8 の最頻値はどれですか？

ステップ 1. 数えてみると、3 が二回出てくることがわかります。そして、他の数はどれも一回だけです。

答え：最頻値は 3 です。

テイク ツー！ 別の例でためしてみよう！

こんどは、データ 6, 4, 0, 6, 7, 4, 6, 4, −8 の最頻値を求めてください。

ステップ 1. 数えてみると、4 と 6 がそれぞれ三回ずつ現れています。他の数は三回より少ない回数しか登場しません。

答え：最頻値は 4 と 6 です。

最頻値を求めるのはそれほど難しくないでしょう？モードとムードを関連づけて覚えれば、とまどわずに覚えられるでしょう。

練習問題

次のリストにあるデータの平均値、中央値、最頻値を求めましょう。最初の問題は私が解きましょう。

1. 3, 7, −4, 8, 0, 1, 8, 7

解：平均値：これが一番手間のかかる問題です。覚えていますか？ 平均値を求めるためには、全部の数値を足し合わせて、数値の個数で割ります。この場合は、全部で 8 個の数値があるので、8 で割ればいいのです。

$$\frac{0+1+(-4)+3+7+7+8+8}{8}=\frac{30}{8}$$

$$=\frac{30\div 2}{8\div 2}=\frac{15}{4}=4\overline{)15.00}^{\,3.75}=3.75$$

というわけで、答えは、3.75 です。

中央値：まず、リストにある数を小さい順に並べて、中央にくる数を求めましょう。

$$-4, 0, 1, 3, 7, 7, 8, 8$$

となるので、中央にあるのは 3 と 7 の二つです。そして、この二つの平均値をもとめると、$\frac{3+7}{2}=5$、中央値は 5 です。

最頻値：このリストのムードは見るからに 7 と 8 になります。7 と 8 だけが二回登場しているからです。したがって最頻値は 7 と 8 です。

答え：このリストの平均値、中央値、最頻値は、それぞれ 3.75、5、7 と 8 です。

2. 1, 1, 2, 3, 4
3. 3, −6, 3, 3, 0, 15, 3
4. 15, 2, 7, 2, 7, 3
5. −4, −4, −1, −2, 0, −1

この章のおさらい

- 数値のリストの平均値を求めるには、すべての数を足した答えを、数値の個数で割ればよいのです（0も個数の一つとして数えることを忘れないこと）。このような計算はたいてい面倒なので、平均値（mean）はいじわる（mean）と覚えてもいいかもしれません。

- 数値のリストの中央値を求めるには、スモール、ミディアム、ラージの関係と結びつけて覚えておくといいかもしれません。リストにある数値を左から右へ小さい順に並べます。中央値は、ちょうど真ん中にくる数です。（もし、リストに偶数個の数値があるときは、中央の二つの数の平均値が中央値になります。）

- 数値のリストの最頻値とは、リストの中でもっとも頻繁に現れている数のことです。そのリストの「ムード」が、モードというわけです。リストによっては、モードが一つとは限りません。二つ以上ある場合もありえます。

先輩からのメッセージ

ジェーン・デイビス(ニューヨーク州ニューヨーク市)
過去:にきびと歯の矯正に苦しむ恥ずかしがりやの女の子
現在:ポロ・ラルフ・ローレン社で働く流行に敏感な財務担当者

中学時代は誰でも、自信のない状態を経験するというのは、本当のことでしょう。でも、私の場合は、普通の人よりはるかに悪い状態だったと思います。髪形も似合わないし、歯の矯正もしていたし、肌もきれいではなかったからです。そんなわけで私は、みんなの注目を浴びる機会をなるべく避けようとしていました。特に授業中、先生の出す問題に答えるのはイヤでした。中でも数学の時間が嫌いでした。なぜなら、もし私の答えが間違っていたら、みんなにからかわれ、頭の悪い子だと思われるのではないか、と恐れたからです。

高校に入学する直前の夏休みに、たくさんの良いことが私に起こりました。歯の矯正具をはずすことができ、肌のトラブルも少なくなり、そして、高校のチアリーダー部に入部できることになりました。そこで、高校には、前よりもはるかに自信を持って進むことができました。授業中にあてられるのはまだ苦手でしたが、高校では、数学の習熟度別の同じクラスには、チアリーダー部のメンバーの半数がいるではありませんか。みんな、すてきな子たちで人気もあり、頭がいい子も多かったのです。授業がはじまると、チームメートたちが率先して手を挙げる場面を見ることになりました。そして時には、間違った答えを返すこともありました。すると、その後どうなったと思いますか? だれも、間違ったからといってからかったりしませんでした。からかわれるのではないかと恐れていたのは、私の頭の中だけのことだったのです。そこで、私も手を挙げるようになりました。そしてわかったことは、自分の答えが正しいことも多いのです。高校で数学を一生懸命勉強できたことは良い思い出です。難度の高いビジネススクールに入学することができ、数学の講義も受講しました。

卒業後、友人の多く、そして私も、マーケティング、ファッション関係、広告関係などのおもしろそうな仕事に就職しようとしました。ところが私は、こういったおもしろそうな仕事がたくさんの数学的な知識を必要とするということを知らなかったのです。

結果として私は、ポロ・ラルフ・ローレン社に入社し、まず仕入担当のアシスタントになりました。そう、つまり洋服を買うのが仕事なのでした。私が就職してまもなく、私を採用してくれた副社長(ハーバード大学の MBA 経営学修士を取得したすばらしい女性でした)が、なぜ私を採用したかを話してくれました。それは、私が“数”を勉強してきたからだというものでした。

私の業務は単に商品を仕入れることだけでなく、数学を使って売り上げを分析し、どれだけの量を仕入れるべきかの判断をすることも含まれていました。現在では、流通部門で毎日、数学を使って分析し、新商品の在庫量の計画、管理をしています。そして、会社全体の売り上げ成績をリポートにして報告する責任も担っています。

私の報告には、“平均在庫”と呼ばれるデータがあります。ある期間における洋服などの商品の在庫数を示すものです。たとえば、一ヶ月の平均在庫は、月初の在庫数と月末の在庫数の平均値をとればいいわけです。販売店から今月の平均在庫をたずねられたら、

$$\frac{\text{月初在庫} + \text{月末在庫}}{2}$$

の公式にあてはめて、答えればよいのです。

一方、1月から6月までの半年間での平均在庫を求めるなら、各6ヶ月の月初の在庫数と最後の月の月末の在庫数を足して、7で割って答えを出します。

$$\frac{1\text{月初}+2\text{月初}+3\text{月初}+4\text{月初}+5\text{月初}+6\text{月初}+6\text{月末}}{7}$$

この章で平均値を求めるときのやり方とまったく同じようにするだけです。

意識されないことも多いのですが、ファッションの世界もビジネスであり、華やかなデザインの陰に複雑な計画と財務戦略があってはじめて、存在しうるものなのです。幸いにして、私は数学を勉強していたおかげでこの仕事に必要なスキルを身につけることができました。私は、こんな大好きな仕事につけて、本当に幸せに思います。

学校で恥ずかしい思いをしたできごとは？

学校で恥ずかしい思いやイヤな思いをしたことはありませんか？ あなたの顔が、真っ赤になったことはありませんか？ これは誰にでも起こることです。ここに、読者から寄せられた体験談を集めてみました。

「幾何の授業でぐっすり眠ってしまったこと。前の晩、学期末のレポートのため遅くまで起きていて、一睡もしていなかったのです。その日は幾何のテストがありましたが簡単なもので、できたときは 30 分も時間が余りました。とても眠くて、ついうつむいていたら、これが悪かったのです。完全に深い眠りに入ってしまい、終了のベルにも気がつきませんでした。目を覚ましたときには、部屋の電気は消されていて、みんな他の教室に移動したあとでした。次の授業にすっかり遅刻をしただけでなく、シャツにはよだれのあと…。とても恥ずかしかったです。」アレックス(15 歳)

「マーチングバンドに参加した二年生のとき。“死の戦い” と名づけた新しいパフォーマンスを習得するために、何百回も練習したおかげですっかり上達し、公演の前の晩には、すっかりワクワクするほどでした。当日、大観衆の前で 40〜50 回もこのパフォーマンスを繰り返すのですが、半分まで終わったところで、目の前が真っ暗になってしまったのです。はっきり覚えているのは、地面に倒れて死ぬ演技をする場面の直前で、そのタイミングを待っていたところまでです。どうやら死ぬ演技をすべきその瞬間に、バーンという音とともに、床に本当に倒れてしまったようなのです。直後のことは、あまりよく覚えていませんが、自分で勝手に転んでしたたかに頭を打ってしまいました。その後、なんとか演技に復帰することができましたが、観衆の笑いが収まるまで、しばらく待たなければなりませんでした。」ステファニー(17 歳)

「整理整頓が苦手でした。机の中に古い提出物などを捨てずにとってあったので、ぐちゃぐちゃになり、あふれかえるほどでした。ある日のこと、同級生たちは、私の机をきれいに整頓すべきだということで意見が一致し、私の見ていないところで、机をひっくりかえしたのでした。すると、宿題や提出物が全部出てきただけでなく、虫たちもいっしょに出てきたのでした。どうも、蜘蛛が古い宿題の中に巣をつくっていたようです。女子たちは、キャーキャー悲鳴をあげるし、男子たちは足で蜘蛛を踏み潰すゲームをはじめました。私は、もちろん、恥ずかしさから、泣き出してしまいました。その日から私は、机を整頓するようになりました。そして、古い宿題は捨てなければならないことを学んだのでした。」

チェルシー(17 歳)

「代数の先生が信じられないほどたくさんの宿題を出しましたが、宿題をまったくせず、学校対抗のホッケーの試合の観戦に友人と行くことにしてしまいました。翌日、学校で先生が宿題のチェックをしたとき、先生は、僕が宿題の意味が理解できなかったと言い訳をすると、とても腹を立てました。僕は、今にも先生から平手打ちがとんでくるかと覚悟したぐらいです。その授業は、僕の人生で最悪のものになりました。先生は僕が答えられない問題を割り当てるという拷問にかけはじめました。同級生たちが小声で答えを教えようとしてくれているのを聞きながら、自分が途方もない愚か者であるという思いに悩まされながら、椅子にじっと座っているほかありませんでした。本当に恥ずかしい思いをしました。」

ネスティーン(15 歳)

「高校がイヤでした。自分より大きな生徒にいじめられることを恐れていたからでした。それに、僕の名字モランは、人を馬鹿にして呼ぶ言葉(モロン)と響きが似通っている、ということもありました。入学の手続きをしているとき、先生の一人が、低い腹の底から出しているような声で“おい、そこのモロン君、俺のペンを盗まなかったか?”と言うではありませんか。僕の顔は真っ赤になり、僕はその建物から走って逃げようと思いました。というのは、僕の後ろで、親友たちだけでなく、母と兄までいっしょに笑っていたからです。その先生は冗談のつもりでそう言ったのでしたが、大人の男性の野太い声で揶揄されると、それは建物中にこだましているように思えて、恐怖に陥ったのでした。その年、その先生は僕を見るたびにおかしがっていました。なぜなら先生は、僕が気にしていることを知っていたからです。」 S. モラン(17 歳)

「学校で最後の授業の終了のベルとともに、誰もがまるで火事から避難するかのように、学校から外に出ようと急ぎます。特に、金曜日には、その傾向に拍車がかかります。ある金曜日のこと、私は、階段の所で、人ごみで動きが取れない状態でした。そして、とてもかっこいい男子生徒が私ににっこり微笑むではありませんか。次の瞬間、気づいたときには、階段から足をすべらし、私より下の段にいた全員を巻き込んで階段の一番下まで、倒れこんだのでした。私を一番上にして、30 人近くの生徒が将棋倒しになりました。最悪なことに、私は、そのかっこいい男子生徒の上に倒れこんだのでした。私は何か、機知に富んだことを言いたかったのですが、思いつかずに、ただ、“こんなところでお目にかかるなんて、おもしろいですね" と言ってしまいました。彼は変な顔で私を見返しただけでした。幸いなことに誰もけがをした生徒はいませんでしたが、みんな私に腹を立てていました。私が急いで帰ろうとすると、誰かが大声で叫ぶではありませんか。"おーい、ミニ・ゴジラのような君、靴を忘れていないかい?" 振り返ってみると、例のかっこいい男子生徒が私の右の靴を手にしているのでした。私はガッカリして、靴を返してもらうと、さっさと立ち去ったのでした。しかし、それからどうなったと思いますか? その翌日、誰も私の恥ずかしいできごとを知らなかったのでした。人生という大きな道で少々つまずいたくらいは、思ったほどの大事件ではないもしれません。」

ジェシカ(18 歳)

男子に聞きました!

13 歳から 18 歳までの男子 200 人以上に無記名でアンケート調査をしました。

どんなタイプの女子に好感を持ちますか?

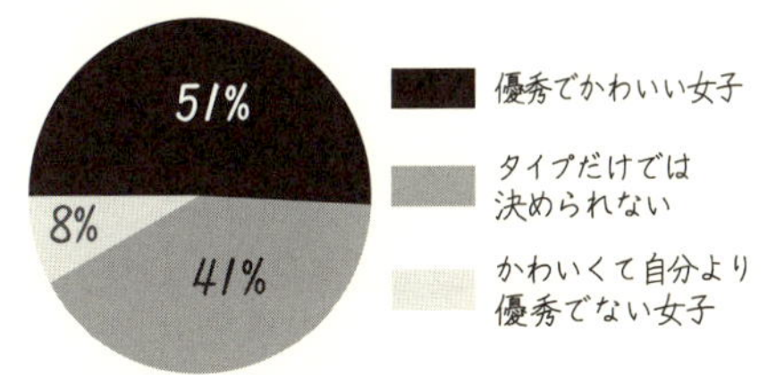

ご覧の通り、たいていの男子は決めつけをしない(おそらく好みのタイプというのを限定したくないのでしょう)か、あるいは、優秀な女子を好ましく思っているのです。

たった 8% の男子が、付き合っている女子が自分より優秀でないことを望んでいるわけです。このような男子や、あなたがベストの状態にいられるようサポートしてくれない男子とはお付き合いしたくないかもしれませんね。

自分を貶める女子をどんなふうに感じますか？

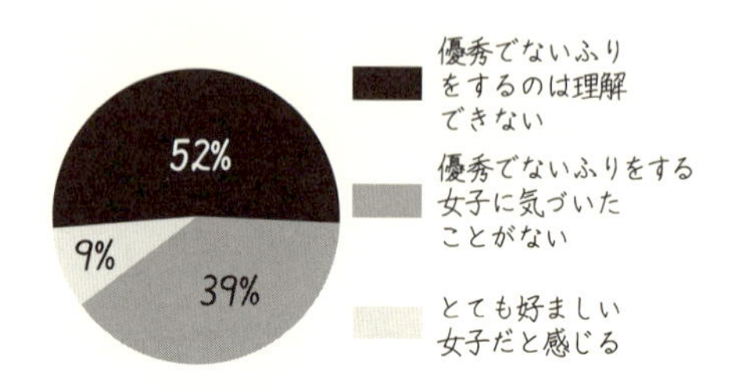

ご覧の通り、アンケートに答えた半分以上(52%)の男子が「頭の悪いふりをする」ことを愚かなことだと答えています。

三分の一以上(39%)の男子は、女子がそのように振る舞うことがあることに、まったく気づいていません。共学の学校に通う女子ならば百も承知のことかもしれませんが、こんなに多くの男子が、女子がわざとわからないふりをしていることに、まったく気づいていないというのは、信じがたいことですね。こういうことに関しては、女子のほうが、観察眼が鋭いと言えるのかもしれません。

そして、9%の男子が、女子が愚かなふりをしていることを知っていて、しかも、それを心地よく思うようです。

ちょっとがっかり！　このように、人をコントロールし、威張るタイプの人からは離れていましょう。あなたが傷ついてしまう可能性があるからです。

男子へのアンケート結果は、方程式を極める篇 112 ページにもあります。

心理テスト 1：ストレスをためやすい?

ほんの小さなことで、胃が締め付けられたりしますか？それともあなたは、沈着冷静型？

心理学者のロビン・ランドー博士がアン・ローニーさんの協力により作成した心理テストでどんな診断が下るか見てみましょう。

1. あぁ、先週の数学のテストの結果がもうすぐ戻ってきます。あなたは、あまりできがよくなかっただろうと想像し、とても神経質になっています。そして予想どおり不合格でした。あなたの気持ちは？

a. あなたの心は沈んでいます。学期末の成績が下がるかもしれません。どうしたら成績を上げられるのかを考えるのは後回しにして、今は、このテストのことを忘れたいと思う。

b. あなたは良い成績をあげられなかったことに、がっかりしますが、次回は、もっと勉強しなくてはと決意しました。まず、放課後の補習に参加しようと思う。

c. パニックに陥る。今にも泣き出したいような気持ちになる。まるで、これで世の中がすべておしまいであるかのように感じる。

2. 最悪！ 歴史の先生が勝手にグループ学習のパートナーを決めてしまい、なんとあなたは、先週、別れを告げられたばかりの元カレと組まされてしまったのです。あなたのプライドは、まだ傷ついたままです。あなたの顔は真っ赤になってしまいました。あなたはどう対処する？

a. 二人の名前が呼ばれたのを聞いた途端に、あなたは、下を向いてしまいました。元カレを見ようともせず、どうしたら、この課題を元カレとかかわらずに終えることができるか、考えをめぐらすのに夢中です。

b. あなたは、もう無理、と思います。二人で何かをするなど、とても恥ずかしくてできないので、どんなことをしてでも避けようとします。授業が終わるのを待って先生の所に行き、あなたは、家族旅行の予定があって、などと作り話をし、だから課題を一人でさせてほしいとか、あるいは、パートナーを替えてもらえるような口実をみつける。

c. あなた自身で、なんとか解決しようとする。絶対に気まずくなるだろうけれど、とにかくやりとげようと、心を決める。元カレに冗談でも言って緊張をほぐすか、あるいは、あなたのほうから元カレに、気まずい思いをする必要はないことを知らせ、課題をやりとげようとする。

3. 誰でも、悪い先生にあたった経験はあるでしょう。さて、理科の先生があなたの人生を悪夢に変えてしまいました。授業中、先生は他の生徒に比べてあなたの間違いばかり頻繁に指摘するような気がします。昨日も、あなたを“できが悪い”と言いました。あなたはどうする？

a. 授業に出席することさえ、とても苦痛になる。どんな言い訳を使ってでも授業に出ないようにする。仮病を使って保健室に行く、進路指導の先生と面談の約束がある、などなど。その“モンスター”を避けるためならどんなことでもしたい。もし校長室に呼ばれるようなことがあれば、ここぞとばかりに泣き出し、一部始終を訴える。

b. あなたは、先生が恐ろしくて、先生の前で話したりできません。そこで、問題が存在しないかのように振る舞います。教室では、目を伏せてなるべく名前を呼ばれないようにします。あなたは、その先生の似顔絵をノートに落書きし、女の先生なのにひげを描いたりして、憂さ晴らしをする。

c. あなたは問題に静かに立ち向かう決心をします。まず、両親にあなたの直面している問題を説明し、授業が終わってから、勇気を出して先生に話しに行きます。そして、先生があなたに期待しているのはどんなことなのか、先生の意見を聞きます。話を聞くあいだ、礼儀正しく、丁寧に接するよう努めます。

4. あなたは、明日の大事な小テストに備えて、英語の教科書のある章を勉強しなくてはなりません。残念なことに、その章は読めば読むほど、わけがわからなくなり、緊張してきました。小テストを受けるときには、混乱するにちがいありません。こんなに努力しようとしているのに、なんて理不尽なこと！ あなたはもう泣き出しそうです。あなたはどうしますか？

a. 気を落ち着けて、もう一度はじめから読み直す。やろうと思えばできるはずです。あなたは、その章のはじめから、いくつかの部分に分けて、全部の単語を英和辞典で調べてから、次の部分に移るようにします。

b. あなたは、同じ部分を何度も何度も読み直します。わかっていいはずなのに！ あなたは、まったく集中できずに、たった一章のために、こんなにも多くの時間を費やしていることに、いらいらしてきます。

c. あなたは、まったく落ち着きません。心配ばかりが先にたって、何も手につきません。ついにあなたは、こんなことは続ける価値がないと決めて、教科書を閉じ、勉強をやめます。

5. あなたの両親は、「今度は前の学期よりも良い成績を期待しているよ」、と何度もあなたに言い続けています。あなたは同じことばかり聞かされることに飽き飽きして、いらいらするばかりです。あなたはどうする？

a. ストレスから反抗的になり、両親が学校のことを言い出すたびに、両親に反抗する。両親に言い返すことに夢中になり、あなたの成績のことは、いつの間にか忘れています。

b. 両親のしつこい願望をなるべく考えないようにし、自分自身が設定した目標に向かってがんばろうとする。

c. 悪い成績をもらうのではないかと、常に心配する。宿題や小テストの結果に一喜一憂し、ちょっとしたことに過敏になる。

6. あなたの二人の仲の良い友人たちが、けんかになったとします。二人とも相手が悪いと主張していますが、正直に言うと、二人ともに非があって、どっちもどっちという感じです。でも、あなたが何を言っても、二人ともあなたに自分の言い分を認めてほしい様子です。そして、今度は二人ともあなたに矛先を向けて、本当の友人として味方をしてくれないことを非難しはじめました。さて、あなたは何と答えますか？

a. あなたにはどうしようもないことで、二人の友人があなたに腹を立てているので、どうしたらいいのかわかりません。あなたは二つの方向に引き裂かれるように感じて、どちらでもいいから味方につけば、少なくとも二人ともから絶交されるよりはいいだろうと考えます。

b. あなたは、一方を支持すれば他方を裏切ることになる事態に困惑しますが、自分に正直でいようとします。あなたは二人に、意見の違いを受け入れて、何とか自分たちで解決するように助言します。あなたは落ち着いて、その争いに巻き込まれないようにします。そして、二人とも落ち着けば、またあなたの所に戻ってくれることを祈ります。

c. 事態は最悪で、あなたは両方の友人からのプレッシャーを感じています。あなたは、どちらの側にも味方しているふりをする以外に、どうしていいかわかりません。二つの顔を使い分けなければならないけれど、仲間はずれにされるよりはましだと思う。

7. テスト開始５分前になりました。あなたの心の半分は「落ち着いて」と言っていますが、もう半分は、あせって数学のノートを見直さなければ、と考えています。あなたはどうする？

a. 深呼吸をして、落ち着いてノートを見直しながら、“やるだけのことはやったのだから、わかっているはず”と自分自身に言い聞かせます。なんといっても、自分のベストを尽くすしかないのですから。

b. パニックを起こす。あなたの頭の中では、いろいろな考えが走りまわっているようです。“見直さなかったところから出題されたらどうしよう？ 一題も解けなかったらどうしよう？”あなたはもう失敗だったとさえ感じ始め、最悪の事態を想定します。

c. 心臓の鼓動が速くなってきたのを感じて、勉強した範囲が合っていることを祈り始めます。でもちょっと、最後にもう一度見直すことは無駄ではないでしょう。ところが心臓がどきどきして、ノートに書かれていることが頭に入ってきません。

8. 数学の試験問題が配られ、先生が「はじめ」の号令をかけました。あなたが、まず初めにすることは？

a. テスト全体をざっと見て、あなたが易しいとわかる問題に印をつける。それから、印をつけた問題から取りかかり、じっくり問題文を読み始める。どうやら解けそうです。

b. 初めの問題にとびつきます。ところが難しい問題だったので、あなたは自分の勉強が足りなかったと考えます。この思いが、他の問題を解くときまで続きます。

c. また、いつものイヤな感じになります。試験勉強をしたはずなのに、頭がまったく働きません。どの問題も意味が頭に入ってこず、教室の黒板の上にある時計の音だけが大きくあなたに聞こえてきます。チック、タック、チック、タック。

9. 課外活動にたくさん参加しすぎたようです。フィールド・ホッケー、バイオリン、生徒会、演劇クラブを全部こなせると思ったときのあなたは何を考えていたのでしょう？謎です。そして、今度はお母さんが家の手伝いをしてほしいと頼んできました。あなたが自分にこなせること以上のことを始めてしまったのはもはや明らかです。あなたはどうしましょう？

a. 完全にパニックを起こしてしまう。たくさんの活動をこなすことに一生懸命になっていて、どの活動も犠牲にできない気がする。ときどき、あまりに疲れてしまい、そして、すべてこなせないのでは、と心配になり、ストレスがたまって、泣き出してしまいそうになる。自分では整理できず、何も考えられない。

b. 何かを変えなければと思うが、一つの活動から次の活動に移動することで、せいいっぱいで何も変わらない。問題を直視しないほうが簡単だ。

c. 落ち着いて、当面の問題に自分自身が圧倒されないように努力します。まず、演劇クラブの活動から手を引く計画を立てます。この時点では、これが一番重要度の低い活動だからです。次に、あなたのスケジュールをよく見直して、どうやって自分の時間の都合をつけるか、注意深く考えます。結局、ネットを見る時間を少し減らせば何とかなるでしょう。

10. あなたは、英語のレポートの提出期限を今週末に控えています。しかし、そのトピックがよく理解できていないので、どこからはじめたらいいのか先生に質問しなくてはなりません。あなたはどうする？

a. 先生と話すことを考えただけで緊張してしまうので、質問しない。やれるだけやって、うまくいくことを祈る。それに、二、三日かけてやったので、まあまあの成績はもらえるのでは？

b. 締め切りも含め、何も考えないようにする。提出日の前夜、あなたは思いついたことをまとめて走り書きのレポートで済ませます。良い成績はもらえないけれど、少なくとも、心の中を占めていた黒い雲がついに消え去ってくれたという思いです。

c. さっそく先生と面談の約束をとりつける。たぶん、だいたいの枠組みを先生が手伝ってくれるでしょう。あなたは、先生との面談までに、できるだけ下調べをして、宿題を丸投げしようとしていると先生に思われないように注意する。

11. なぜか、あなたはテストの予定日を間違えていたようで、二つのテストが同じ日に重なっていて、しかも、それが翌日であることに気づいたところです。あなたは、今夜どうしますか？

a. 一つの試験に集中するほうが、二つとも勉強するよりもストレスが少ないと考える。あなたは、数学は捨てて、歴史の勉強に全部の時間を使うことに決めました。たぶん、あとで、数学を詰め込む時間も残るでしょう。

b. あなたは、何をしなければならないかのリストを作り始めます。そして、それぞれにどのぐらいの時間がかかるかも、見積もります。自分の経験から、前もってきちんと計画をたてれば、やりとげられることを知っています。

c. あなたは、どこから手をつけていいかわかりません。頭の中では、これもしなければ、あれもしなければと考えますが、心配ばかりしていて、夜の10時までほとんど何もできませんでした。そして、もう寝たほうがいいのか、勉強したほうがいいのか迷っていらいらします。

採点表

1. a. 2; b. 1; c. 3
2. a. 2; b. 3; c. 1
3. a. 3; b. 2; c. 1
4. a. 1; b. 2; c. 3
5. a. 3; b. 1; c. 2
6. a. 2; b. 1; c. 3
7. a. 1; b. 3; c. 2
8. a. 1; b. 2; c. 3
9. a. 3; b. 2; c. 1
10. a. 2; b. 3; c. 1
11. a. 2; b. 1; c. 3

11〜17点：素晴らしい！　あなたは、これ以上ないほど冷静です。あなたは、小さいことにはこだわらず、大きなことだけを見るタイプです。あなたの友人たちは、自分たちが動揺してしまうような場合でも、あなただけは動じないことを信じて疑わないでしょう。学校で出される難しい課題や試験に対して、あなたはどう冷静を保てばよいか、知っているし、たとえ残念な結果が出たとしても、それに対して建設的な問題解決法を使って乗り越えることができます。ブラボー！

ただ、本当にがっかりすることや、予想外なことが起こっても、まったく動揺しない自分に対しては、なぜ、そうなのかを考えてみる必要があるかもしれません。もし、本当に大事なことを考えることを恐れて、すべてに動じないように自分を仕向けているのであれば、注意深く振り返ってみることが必要です。あなたは何が得意ですか？ あなたの目標は何ですか？ しばしば人間というものは、自分で目標を立てるのをためらいます。それは、失敗を恐れるからです。でも、それでは、自分の成長を妨げていることになります。あなたは、あなたの人生でもう少し冒険してみることで、大きなプラスが得られるかもしれません。そして、その過程で何かを成し遂げることが、どんなに気持ちのよいことかに驚くかもしれません。たまに失敗することは、人生の終わりでもなんでもありません。それは、だれにでも起こることです。これについては、90ページにもっと詳しく説明してあります。

18〜27点：おめでとう！ あなたは、たいていのことを自分でコントロールできているようです。あなたは、自分の責任というものを真剣にとらえていて、たくさんのことをやりとげようとしていて、とてもすてきです。ときどき、心配症の部分が顔を出すにしても、基本的なストレス対処法は身につけているようです。さらに、次のようなことも参考になるかもしれません。

ストレスがかかりそうだと思ったときは、緊張をほぐすように努めましょう。背伸びをしたり、運動したりします。深呼吸などもいいでしょう。とても緊張している状態では、健康的な笑いもストレスを減らす効果があります。

そして、もし笑いのネタを探すのに困ったときは、笑わせるのが上手な友人に訊くか、ネットでかわいい子猫のビデオを見るのもいいかもしれません。そして、日ごろの学校のストレスから逃れて、健康的な活動を楽しむことも忘れないように。犬を少し長めの散歩につれていくとか、友人たちとハイキングして自然に親しむのもいいでしょう。

学校の成績が少しよくないときがあるのは、かまわないということを覚えておいてください。誰にでも、晴れた日もあれば、雨の日もあります。大事なことは、自分の全力を尽くしているということです。そして、そのことに対して、誇りを持つべきです。

28〜33 点：誰でもときどきは、ストレスを感じるのが普通ですが、あなたの場合は、一般の人よりもよけいに心配する傾向にあるようです。あなたの周りには、たくさんやるべきことがあり、少しスケジュールを調整して、自由時間を作る必要があるようです。精神的に参っているとき、物事がうまくできるはずはないということを認めましょう。あなたがたくさんのことにストレスを感じていて、少し落ち着く必要があることを認めることは、何も悪いことではありません。それは、今まであなたの成績やあなた自身の向上のためにしてきたこと以上に役に立つかもしれません。物事は全体像を見るのが大事です。あなたが達成してきたことを思い出していい気持ちになれるように、全力を尽くしましょう。ほかの人はあなたのことをどんなふうに褒めますか？ 皆は、あなたについて、どんな良い点を指摘しますか？ さぁ、できるだけ何度も、そういったことを自分自身に対して言い聞かせましょう。「心配することは、想像力の間違った使い方だ」と言った人もいます。心配するだけでは、なんの解決も生みません。全力を尽くすことだけが、あなたにできるすべてのことであって、それ以外にできることはありません。私が、学校のことでストレスを感じたときは、両親や先生たちと話すだけでなく、心の中で“心配しないで、幸せな気分になろう”というボビー・マクファーリンの歌を繰り返したものです。なぜかわからないけれど、気分がよくなるのでした。今でもそうです。そして、もし眠れなかったり、しょっちゅう頭痛がしたり、頻繁に息切れを起こすようであれば、ストレスとどうつきあっていくかを学ぶために、ただちに助けをもとめることがとても大切です。先生やカウンセラー、あなたの両親は、あなたの経験しているストレスに対して、親身になり、悩みを乗り切る助けをしてくれます。あなたの状況を理解して助けてくれる人がいるとわかっているだけで、はるかに落ち着くことができるでしょう。

ストレス解消についての他の有効な対処法は、方程式を極める篇 20 ページを参照してください。テストに失敗したとき、どうしたらいいかは 90 ページを見てください。数学のテストを乗り切る方法は、「サバイバル・ガイド」を見ましょう。テストの前に、怖気づいてしまうのを防ぐ方法が出ています。

変数の概念に慣れる

この章から第８章までを読めば、あなたは変数がどんなふうに使われて、どんなときに有効なのか、完全に理解することでしょう。もはや変数は、不思議でも、不可解なものでもなくなるでしょう。そうなったら、とても素晴らしいと思いませんか？ 変数に慣れ親しむことだけを目標にするので、この章では、x について解くということは一切しません。

しかし、まず、変数よりも重大な悩ましい問題を考えてみましょう。親友の紹介ではじめてのブラインドデートをすることになりました。あなたは彼のことをまったく知りません。わかっているのは、彼があなたの親友のいとこで、最近この町に引っ越してきたということだけです。もちろん、親友もあなたに付き添ってくれますが、それにしても緊張します。あなたは何が起こるか、まったく想像できません。親友は、あなたが彼のことを好きになるだろうと言いますが、彼はそんなに魅力的でしょうか？ 知的？ かっこいい？ どんな価値観を持っている？

数学では、あるものがどんな値であるかわからないときは、その値を表すために**変数**を使います。**(変数のきちんとした定義は 132 ページ参照。)** 変数は代理人の役目をします。どんな理由でかはわかりませんが、この代理人を表す記号として x がよく用いられます。これが、英語の手紙の最後に書く“キス”の印と同じなのは、まったくの偶然だと私が保証します。

とにかく、その男の子の話に戻りましょう。仮に、あなたが彼のことを気に入ると想定して、その晩、親友との別れ際でのあなたのセリフを想像してみましょう。「彼ってステキね！ 彼はとても x な人ね。あとで、私に電話をしてくれるかな？ 彼はあなたのいとこなんだから、うまくいくように手伝ってくれるでしょう？」あなたの親友のいとこなのだから、うまくお付き合いできるかもしれませんね。

今はまだ会う前なので、彼がどんな性格で、どんな価値観を持っているかわからないので、あなたのセリフを想像するときに x が必要だったのです。あとで実際に彼に会った後なら、あなたは x のところにふさわしい言葉を入れることができるのです。x に入る言葉は“知的”かもしれないし、“とてもかっこいい”かもしれないし、“抵抗しがたい魅力がある”かもしれません。

彼については、のちほど続けることにして、まず、変数とは何なのか、はっきりさせましょう。なぜ変数が難しげに見えるのでしょうか？

x ←変数

ウーム。よくわかりません。x それだけでは、そんなに難しそうではありませんよ。

変数は、ある数値のかわりに使われているただの文字です。文字が使われている唯一の理由は、どのような数がそこにあてはまるか、その値がまだわからないからです。

変数を表すのにみんなが x という文字を使っているのは、想像力が乏しいからにすぎないとも言えるのです。あなたは、使おうと思えばどんな記号でも使えるのです。x のかわりに箱を書いてもいいし、花でも、笑顔でもいいのです。

□　✿　☺

そのほうが、見た目がよっぽどいいではありませんか。

x に代入してみる

さて、例の男の子の話に戻りましょう。あなたがそのブラインドデートを終えたあとで、「彼はとても x な人ね」の部分をどう言うか、何通りかの言い方があったことを覚えていますか？ x は、違った価値を表すことができるので、違った意味を表すことができるのです。

x ＝ かっこいい だったとすると、「彼はとても x（な）人ね」は、「彼はとてもかっこいい人ね。」になるし、x ＝

おもしろい だったとすると、「彼はとてもおもしろい人ね」になります。$x =$ 知的 だったとすると、「彼はとても知的な人ね」になります。

同様に、あなたの前に $3x + 5$ という式があったとすると、あなたは x のところに数を代入することができるのです。そして代入の結果を計算することができるのです。たとえば $x = 2$ だとすると、$3x + 5$ は、$3(2) + 5 = 6 + 5 = 11$ となるわけです。もし $x = 0$ ならば、$3x + 5$ は、$3(0) + 5 = 0 + 5 = 5$ とできるでしょう。

もし $x = 10$ だったとすると、$3x + 5$ は、$3(10) + 5 = 30 + 5 = 35$ と計算できるのです。また、x が -1 だったときは、$3x + 5$ は、$3(-1) + 5 = -3 + 5 = 2$ という結果になります。

ここがポイント！　問題にどの文字が使われているかは関係ありません。x, y, z でも a, b, c でもよいし、なんなら j でもいいのです。仮の名前にすぎないからです。

変数に実際の数を代入するときは、上記に示したように、その数をカッコの中に入れることをおすすめします。こういう習慣を今つけておくと、あとで非常に役に立つはずです。

$7 + 2a$ という式について考えてみましょう。

もし $a = 3$ だとしたら、この式は何と等しくなるでしょう？ $a = -3$ なら？ もし $a =$ ✿ なら？ $a = 3b$

なら？ では代入をして、結果を見てみましょう。

$$a = 3 \Longrightarrow 7 + 2(3) = 7 + 6 = 13$$

$$a = -3 \Longrightarrow 7 + 2(-3) = 7 - 6 = 1$$

$$a = \text{✿} \Longrightarrow 7 + 2(\text{✿}) = 7 + 2\text{✿}$$

これ以上は簡単な形になりません。

$$a = 3b \Longrightarrow 7 + 2(3b) = 7 + 6b$$

これ以上は簡単な形になりません。

どんな値を代入するにせよ、変数のあるところすべてに置き換えることさえすればよいことを覚えておいてください。

ここがポイント！　x などの変数にある値を代入する問題では、その質問のされ方はいつも同じではなく、次のように異なる表現をとる場合もあります。「もし $x = 5$ だったとしたら」「x を 5 としなさい」「$x = 5$ のとき」「$x = 5$ に対して」「たとえば $x = 5$ としてみましょう」などです。

これらは、すべて同じことを言っているのです。その意味するところはすべて、「さて、x の値が 5 だったとしましょう。今後は x を見かけたら、いつも 5 と置き換えて計算しましょう」ということなのです。置き換えた後は可能なかぎり計算して、最終的な答えを求めればいいだけなのです。

ときには教科書で、“代入する”という言葉のかわりに、その式の“値を評価する”という言い方がされるかもしれません。たとえば、$x = 4$ のとき、$3x + 5$ の値を評価してください、といったように。

これは、次のようにすることと同じです。x を 4 として計算していけばいいのです。

$$3x + 5 \rightarrow 3(4) + 5 = 17$$

こうして、私たちは、$x = 4$ のときの $3x + 5$ の値を求めたことになるわけです。言い換えると、$x = 4$ に対して $3x+5$ の価値を評価したことになります。そしてそれは、17 と等しいとわかりました。

この言葉の意味は？・・・評価する

「〜を評価する」というのは、“〜の値を求める”という意味です。これは、価値（値）という漢字が使われていることから、推測しやすいかもしれません。どうしてこういう表現をするかという細かいことは、詮索しないことにしましょう。一般に、「ある式を評価する」といえば、変数のあったところに、ある数を代入する（数で置き換える）ことによって実行されます。たとえば、$w = 1$ に対して式 $2w - 5$ を評価せよ、という問題では、$2(1) - 5 = 2 - 5 = 2 + (-5) = -3$ というふうに計算します。

練習問題

与えられた数値を代入することによって、次の式を評価してください。最初の問題は私が解きましょう。

1. 変数 y の値がそれぞれ $y=0$、$y=2$、$y=-5$、$y=\frac{1}{4}$ のとき、式 $2y+1$ を評価しなさい。

解：まず、$y=0$ のときの評価を与えるために、y が登場するところすべてに 0 を代入します。0 をカッコでくくるのを忘れないように。すると、与えられた式は、$2(0)+1=0+1=1$ と計算できて、評価 1 を持ちます。

$y=2$ のとき、y が登場するところすべてに 2 を代入します。したがって、$2(2)+1=4+1=5$ という計算から、評価は 5 です。

$y=-5$ のとき、y が登場するところすべてを -5 で置き換えることによって、$2(-5)+1=-9$ が得られます。

$y=\frac{1}{4}$ のとき、y が登場するところすべてに $\frac{1}{4}$ を代入して、$2\left(\frac{1}{4}\right)+1=\frac{2}{1}\left(\frac{1}{4}\right)+1=\frac{2\times 1}{1\times 4}+1=\frac{2}{4}+1$ となり、2 で約分して $\frac{1}{2}+1=1\frac{1}{2}$。

答え：$1, 5, -9, 1\frac{1}{2}$

2. 変数 g の値がそれぞれ、$g=$ ✿、$g=1$、$g=-1$、$g=\frac{1}{3}$、$g=0.2$ のとき、$4+3g$ を評価しなさい。

3. 変数 h の値がそれぞれ、$h=1$、$h=2$、$h=-3$、$h=$ ☺ のとき、$2h+\frac{6}{h}$ を評価しなさい。

さて、ここまではイラストも取り入れながら説明してきました。そろそろここで、よく使われる数学用語の意味を明らかにしておきましょう。あなたが想像しているほど退屈なものにはならないことは私が保証します。（もしほんとうに退屈だったとしたら、私はとっくにこの本を書くのを止めていて、あなたがこの本を手にとることはなかったでしょう！）

この言葉の意味は？・・・変数、定数、係数

ここで、よく見る数式に含まれるものがなんと呼ばれているか、復習してみましょう。

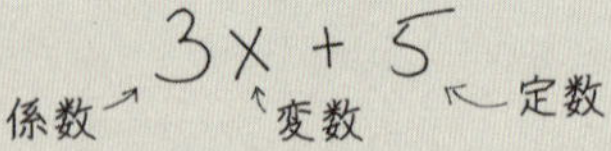

$$3x+5$$

係数（3）　変数（x）　定数（5）

変数(**Variable**)：上の式の中の x や y といった文字のことで、本当の値が何かまだわからない数を表すのに使われます。いろいろな違った(変化する)値を持ちうるので変数(バリアブル)という名前がついています。バラエティ(variety)があるということですね。個人的には x を、いくつかの真珠の粒が入っている袋と思うことにしています。何粒入っているか、たまたまわからないだけです。方程式で x について解くと、その袋の中に何粒の真珠が入っているかがわかります。(これについては第 7 章と方程式を極める篇第 12 章で学びます。)

$$x = \text{(袋)}$$

変数について慣れるまでは、x の記号を見たら、□や✿で置き換えて考えてもかまいません。はじめはそのほうが理解しやすいようです。(あなたがもっと美的センスを発揮したいというのであれば、真珠の入った袋を描いて置き換えてもいいのです。)

定数(**Constant**)：これは、あなたに安定感を与えてくれることでしょう。あなたは、定数がなんだか知っていますか？ それは、太陽のようなものです。そうです、お日様は毎日昇ってきます。たとえ曇りの日でも、あなたは太陽がどこかに存在していることを知っています。それは人生において、変わることのない真実です。私はそのことを考えただけで、心があたたかく落ち着いてくるのを感じます。(正確にいうと、太陽が実際に“昇ってくる”わけではなく、地球がおよそ時速 1700 キロメートルの速度で自転している結果です。さらに、数億年後には太陽は巨大な赤い球に膨張し、おそらく地球を飲み込み、すべての生命を分解してしまうでしょうが、ここでは、太陽はいつも暖かで、私たちに安定感を与えてくれる存在として考えさせてください。)

$3x+5$ という数式を例にとると、「5」はただの数 5 にすぎません。それが定数です。なんて安心できる存在でしょう。それに比べると、x を本当に信頼できる人などいるのでしょうか？ 私たちは x について何も知らないわけです。その値がどう変化するか、わからないのです。

私たちは、いつか、その正体を知ることになるかもしれません。たとえば、$3x+5=11$ のような方程式を x について解くことによってわかるかもしれません。しかし、わからないままかもしれないのです。それに比べて、5 のような数に出会うと昔に帰ったようで、数学の宿題で x などの文字を扱う必要がなかったころを思い出し、ほっとするでしょう。“定数” は、私たちの心に安定感をもたらしてくれるのです。

(ところで、$3x$ の中にある 3 は、ただの定数としては扱われません。なぜかというと、それは、未知数 x と秘密裏に関係を結んでいるからです。つまり、未知数を 3 倍にする役目を担っているのです。そして、$3x$ がどれだけ大きいのかは、x がどれぐらいなのかわからない限り、わからないわけです。だから、これは完全に安定しているという状態ではないでしょう。)

係数(**Coefficient**)：そうです。これが先ほど述べた未知数と秘密の関係にある数です。たとえば、$3x+5$ という式では、3 が係数です。$3x$ は $3\times x$ という意味であることを思い出してください。3 は変数と掛け算で密接につながっている数です。

要注意！　だまされてはいけませんよ。どの変数にも係数がくっついているのです。係数がないように見えるときは、係数が 1 であることに気をつけましょう。たとえば、$5x + y + 2$ という式では、x の係数は 5、y の係数は 1 になります。そのほうがはっきりするのであれば、$5x + 1y + 2$ と書き直してもよいのです。

変数と係数と定数が項となり、数式を構成しているのです。以下の章で、項について勉強していきます。たとえば、$3x+5$ は二つの項を持っています。一つは $3x$ で、もう一つは 5 です。ここで、項の定義をはっきりさせましょう。

この言葉の意味は？・・・項

項とは、数や未知数が掛け算や割り算でひとかたまりになっているものを指します。たとえば、7 は一つの項で、$\frac{8xy^2}{3}$ も一つの項です。それぞれ一つの塊のように、いっしょにくっついている

からです。数式の中では、それぞれの項が足し算や引き算で区切られています。たとえば、

$$xyz + 7a - 4a + \frac{x}{2}$$

は、四つの項から成り立っています。一つの項の中では、数や変数が積や商で結びついていることに注目してください。

次は、分数、小数、負の数も含んだ係数と定数について学びます。その前にまず、項に関するおもしろい議論を紹介しましょう。

たとえば、$3(x+y)$ のような式について、これには、項がいくつあると考えたらいいのでしょうか？ これは、とてもいい質問です。定義からすると、項は一つだけ(単項式)になります。なぜなら、3 と $(x+y)$ を掛け合わせたものだからです。足し算を含んでいることは確かですが、カッコの中という一つのまとまりに含まれている二つとは数えないのです。第 10 章で、分配法則を使って、$3(x+y) = 3x + 3y$ と書き直すことができることを学ぶでしょう。こう書き直すと、この数式には二つの項があることになります。カッコの中にあった足し算が、$3x$ と $3y$ の区切りになっているからです。しかし、$3(x+y)$ の形であるうちは一つの項として数えられます。二つの因子 3 と $(x+y)$ の積として扱われるからです。

なぜ私たちは、「項」のことをそんなに気にするのでしょう？ それは、この後の章で(そして代数を学ぶときはいつでも)、単項だけに応用できる規則をたくさん学ぶからです。私は、無意味なことは説明しないと約束します。

ここがポイント！　習慣上、$3y$ の順に書くことになっていて、$y3$ とは書きません。実際には、どちらも同じ意味なのですが、係数を先に書くのが普通です。ほんとうのところ、みんながそうしているので、したがったほうがいい一つの伝統だと思ってください。

分数と小数

定数と係数は、分数や小数になることもあります。たとえば、

$$\frac{2}{3}x + 0.09$$

という式では、定数は 0.09、x の係数は $\frac{2}{3}$ になります。

ここで、役に立つ豆知識をお教えしましょう。係数が分数のときは、二通りの書き方が許されるということです。その変数は、分数係数のまったく外に書くこともできるし、分子の一部として表すこともできるということです。その二通りの書き方は、まったく同じことを意味しています。たとえば、

$$\frac{3}{4}x = \frac{3x}{4} \qquad \frac{1}{2}z = \frac{z}{2}$$

とも書けるということです。（$1z = z$ だったことを思い出してください。）

なぜ、このように書き直せるかについては、第 8 章で

もっと詳しくお話ししましょう。今、話すべきことは、

$$\frac{5y}{2}+8$$

のような式を目にしたときに、係数をどう考えるかについてです。さぁ、y の係数は、なんでしょう？ 答えは 5 でしょうか、それとも $\frac{5}{2}$ でしょうか？ 係数が 5 だとすると、2 は何になるでしょう？ 5 と y にくっついているので、定数と呼ぶことはできないでしょう。8 のように、足し算で y から区切られているわけではありません。

これらの議論は、$\frac{5y}{2}$ が $\frac{5}{2}y$ と書き直せることに思い至れば、わかりやすくなると思います。なんてすっきりすることでしょう！ もうわかりますね。y の係数は、$\frac{5}{2}$ です。

ここがポイント！　z という文字について注意をしましょう。私は、自分で答案に書いているうちに、数字の 2 と文字の z を取り違えて、まったく間違った答えを導いてしまったことが、数え切れないほどあります。そこで私は、z に短いななめ棒を真ん中に付け加えて Ƶ のように書くことにしました。あなたにもそうすることをおすすめします。きっと私に感謝するときがきますよ！

同じように、数字の 7 も 7̶ と書くようにするのは、良い考えだと思います。そうすることで、1 や 9 と間違えることを防ぐことができます。そしていうまでもなく、文字 o も

数字の 0 と紛らわしいですね。どうしても文字の o を変数として使わなければならないときは、数字の 0 には斜め棒を付け加えて $\emptyset$ と書いて区別すればいいかもしれません。

要注意！　私たちは、$\frac{3}{4}x$ と $\frac{3x}{4}$ がまったく同じことを表しているということを学びました。でも、x が分母にきた場合はまったく違う状況になるのです。ためしに $\frac{3}{4}x$ と $\frac{3x}{4}$ と $\frac{3}{4x}$ のそれぞれの x に 4 を代入してその値を計算してみましょう。はじめの二つでは、値が 3 に等しくなるのに対して、最後の式は $\frac{3}{16}$ という答えが出るはずです。

みんなの意見

「何かわからないことがあったら、恐がらずに質問しましょう。理解できていないのは、あなただけではないかもしれません。そして、落第点をとってしまうことのほうが、授業中に助けを求めることよりも、はるかに格好の悪いことであることを思い出してください。」コーディ（14 歳）

「自分の頭の悪さをさらけだしてしまうと思っても、助けを求めましょう。長い目でみれば、質問する生徒のほうが、賢い人間になれるからです。これは、真実です。」レイナ（15 歳）

ここで、小数を係数に持つ式を使って小銭の合計をすばやく計算する便利な方法を紹介しましょう。

役に立つ数学

お財布の中に、たくさんの小銭がたまってしまい、いったい全部でいくら入っているのか、計算したいとおもったことは、ありませんか？ もちろん、硬貨を1枚ずつ足していくという方法もあります。クォーター(25セント硬貨)は0.25ドルを足し、ニッケル(5セント白銅貨)は0.05ドルを足して…あらっ、またクォーターがでてきたから…というふうになるでしょう。でも、たくさんの小銭があるときには、この方法は時間がかかってしまいます。そこで、もっと良い方法があることをお教えしましょう。そして一度、考え方を会得してしまえば、小銭の計算がすばやくできるようになるだけでなく、同じ考え方が、数学の応用問題にも使えることがあるので、一挙両得というわけです。

まずはじめに、お財布にはクォーターだけが入っていたとしましょう。3枚だけなら、($0.25)×3＝

\$0.75 ですね。6 枚なら (\$0.25) × 6 = \$1.50 が得られます。もし 10 枚のクォーターを持っていたとすると、(\$0.25) × 10 = \$2.50 となるわけです。すべてに共通のパターンがあることに、気づいたでしょうか？ クォーターの枚数を q 枚とすると、合計金額は掛け算 (\$0.25) × q で表されます。(\$0.25)q とも書けますね。

つまり、クォーターの枚数を、公式 (\$0.25)q に代入することによって、合計金額を知ることができるのです。ここで、二つの異なる値が関係していることに気をつけましょう。クォーターの枚数(変数)と、クォーターから得られる合計金額(その変数と 0.25 を掛け合わせることによって得られるもの)です。私たちは、一方から他方が、この単純な公式 (\$0.25)q を使って得られるのです。ここまではわかりましたか？ (もし少し混乱したようであれば、もう一度このコラムを読み返してみましょう。きっと、わかるはずです。)

もうおわかりのように、ダイム(10 セント硬貨)でも、ニッケル(5 セント白銅貨)でも、ペニー(1 セント銅貨)でも、まったく同じ方法が使えます。ダイムの枚数を d とすれば、1 枚のダイムは 0.1 ドルの価値があるので、ダイムの合計金額は (\$0.10)d だと知ることができます。ニッケルの枚数が n であれば、ニッケルの合計金額は (\$0.05)n です。

ニッケル 1 枚は 0.05 ドルの価値があるからです。ペニーについても、枚数が p なら、(\$0.01)p という公式で表されます。

ここで、これらの硬貨を全部合わせて考えましょう。お財布の中のクォーター、ダイム、ニッケル、ペニーそれぞれの枚数を数えて、上記の公式に代入すればいいのです。

小銭の合計は、クォーターが q 枚、ダイムが d 枚、ニッケルが n 枚、ペニーが p 枚ならば、(0.25)q+(0.10)d + (0.05)d+(0.01)p の公式で求めることができます。

あなたのお財布の中の硬貨を全部出してみて、計算機を用意しましょう。あなたがいくらの小銭を持っているか、すばやく、簡単に知ることができます。

負の定数と負の係数

定数や係数が負の値を持つこともあるのですが、正の値に比べて、少し複雑な事情があります。

たとえば、$4y-5x-2$ という式があったとすると、実は定数は、2 ではなくて -2 が正しいのです。そして、x の係数は -5 というわけです。負の数を扱ったときと同じように、引き算を含む変数を持つ式をみかけたら、すべての引き算を“負の数の足し算”に直していくことが、安全なやり方です。つまり $4y-5x-2$ は、$4y+(-5x)+(-2)$ と変形してみると、なぜ x の係数が -5 で定数が -2 になるのか、わかりやすいと思います。

引き算を“負の数の足し算”の形に直すと、信じられないほどわかりやすくなります。負の数は混乱のもとですからね。

要注意！　変数に、係数が何もついていないように見えるときは、実はその係数が 1 であるということは知っていますね。同様に、変数の引き算でも、係数がまったくついていないように思えるときがあります。たとえば、$2-x$ のような場合です。上記の注意にしたがって、すべてを和の形に直してみましょう。つまり、$2+(-x)$ と足し算の形にすると、x の係数が実は -1 であることがわかります。とても、ややこしいでしょうか？ これが、引き算をいつも“負の数の足し算”に直すようにおすすめするもう一つの理由です。

係数 1 や -1 がわかりにくいのは、見えにくいところにひそんでいるためです。わかりやすくするために、1 や -1 をはっきり書いてもかまいません。つまり、$x-y+4z$ は $x+(-y)+4z$ のように、まず足し算の形に

直してから $1x+(-1y)+4z$ のように、係数をはっきり書き出すとよいでしょう。

定数はもう少しわかりやすいのではないでしょうか？式に定数が見当たらないな、と思ったら、それは定数がゼロという意味です。つまり、定数がないということです。なければゼロ。単純明快です。というわけで、定数が私たちに安定感を与えてくれるということのもう一つの理由がここにあるわけです。

練習問題

次に示された式の一つ一つについて、項がいくつあるか数えましょう。そして、そのうちのどれが、変数、定数、係数にあたるのか答えてください。引き算をみたら、“負の数の足し算”に書き直すことを忘れないでください。最初の問題は私が解きましょう。

1. $(0.6)g-8-h+\frac{11}{12}$

解：まず、引き算を“負の数の足し算”に書き直して、$(0.6)g+(-8)+(-h)+\frac{11}{12}$ とします。さて、項の数を数えてみましょう。4 個あるようです。（足し算の記号で、分けられている部分を数えます。）変数は、文字になっているところを見ればいいので、簡単です。g と h ですね。定数も同様に簡単で、数だけの部分を見ればいいので、-8 と $\frac{11}{12}$ です。係数はどれでしょう？ 変数にくっついている数をみつければいいだけです。つまり、g の係数は 0.6

であり、h の係数は -1 です。

答え：合計で、4 項ある。変数は g と h であり、定数は -8 と $\frac{11}{12}$ です。係数は、それぞれ、0.6 と -1 です。

2. $7-4z$
3. $n-m$
4. $0.2+a-5b+\frac{2}{3}c$
5. $\frac{3x}{5}-9-y$

この章のおさらい

変数とは、その数の値がまだわからないときに仮の名前の役割を果たします。そして、実際の値で置き換えられることもあります。これを「代入」と呼びます。

引き算を見たら、いつも“負の数の足し算”に書き直しましょう。そうすることによって、定数と係数が何であるか、見つけやすくなります。

すべての変数には係数があります。見かけ上はないようにみえても、1 や -1 という係数があることに注意しましょう。これら二つの係数はわかりづらいので、はっきりと書いておくようにしてもよいでしょう。たとえば、$x-y+4z$ は $1x+$

$(-1y)+4z$ と書き直してみます。

係数が分数であるとき、変数を書く位置は、その分数の外でもいいし、分子の一部でもいいのです。どちらもまったく同じ意味になります。たとえば、$\frac{5}{7}a=\frac{5a}{7}$ のようにです。

項とは、数式の中の数だけ、または、変数と数が掛け算や割り算を使ってひとかたまりに表されている部分を指します。

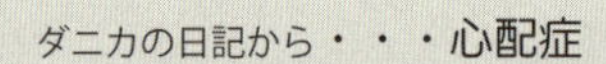

ダニカの日記から・・・心配症

中学生時代の私は、よく勉強をしていても、悪い成績をとるのではないかと心配することに、ずいぶん時間を費やしていたものでした。数学でいい成績がとれないのではないかと心配するあまり、勉強が手につかなくなりました。（テストの上手な受け方については「サバイバル・ガイド」参照。）ですから、心配すればするほど、勉強する時間を削っていたことになります。そして、心配ばかりして勉強しないことを、心配していました。考えてみればおかしなことで、心配することを心配していたわけです。

そして、心配で頭が一杯になってしまうと、涙につながってしまい、私の母は、それはそんなに大切なことではないと、言い聞かせようとしました。もちろん、数学で良い成績をとることは、飢えに苦しむ子どもに食べ物を与えるわけでもなく、中東に平和をもたらすわけでもありません。

でも、私にとっては、大切なことのように思えたのでした。私は、人生で成功するか、しないかが、それで決まるように感じていたのでした。どうしてそれが大切ではないと言えるのでしょう？ 私は、母の言っていることが正しいとは、気づかなかったのです。心配ばかりしていることは、私の最悪の敵だったのです。もし、肩の力を抜くことができたならば、状況はよくなっていたことでしょう。やがて私もそのことに気づいたのですが、そこにたどりつくまでに、理由もなくストレスを自分に与えることで、どんなに多くの時間を無駄にしてきたことでしょう。

ぜひ聞いてください。心配することは、エネルギーの無駄づかいで、何の助けにもなりません。あなたがストレスを感じたり、心配しはじめたりしたら、ゆっくりと深呼吸して、何か自分がにっこりできることを考えましょう。ペットのことでもいいし、歌や、冗談、なんでもあなたの緊張をほぐし、あなたのムードを軽くしてくれるものを想像してみましょう。ストレス解消についてのヒントは方程式を極める篇 20 ページを参考にしてください。

変数の足し算、引き算

もしあなたが、$3h-h$ はどうして 3 に等しくないのか、あるいはなぜ、$3h-3$ は h にならないのか、また $h-3h$ がいったい何になるのか、まったく検討がつかないというのであれば、ちょうどよい機会なので、これらすべてをひっくるめてはっきりさせておきましょう。

ところで、この章では係数という言葉をしょっちゅう使うので、もし、まだ慣れていないようであれば、132 ページを復習しておいてください。

カバン…とても…重い

私の中学時代、カバンがとても重かったのを鮮明に記憶しています。当時は、昔ながらの両肩にかけるリュックタイプのカバンは格好が良くないと思われていました。それで、私はすべての本を肩掛けカバンに入れ、いつも右肩に掛けていました。高校生になるころには、ロッカーに置き勉することを覚えて、それほど重いカバンを持たずに済むようになりましたが、冗談ではなく、今でもまっすぐに立ったつもりでも、右肩が左肩より下がっているのは、このときの肩掛けカバンが原因です。

実は、カバンの中になんでもかんでもつめこんで運ぶ必要はなかったのでした。中には、半分だけ水の入ったボトル、非常食、なくしたと思っていた髪留め、その他、何を入れたか忘れてしまったものまで、たくさん入っていたことでしょう。私は、何が入っているかわからないまま、一日中そのカバンを持ち歩いていたのです。

私たちが、変数について“何かをする”のも似たようなもので、中身のわからない“カバン”を運んでいるようなものなのです。私たちは、中身の価値がわからないまま、カバンを取り扱うことができるのです。

真珠の入った袋(変数)と数式の簡略化

132ページで触れたように、私は x をいくつかの真珠が入っている袋と思うことにしています。それぞれの袋の中に何粒の真珠が入っているかはわからないけれど、中身を取り出さなくても、その袋について、いろいろな計算ができたことを思い出してください。(学校のカバンの教科書を出さないままということもありますよね。)

ここに、変数と和を含む数式

$$3 \quad + \quad 2a$$

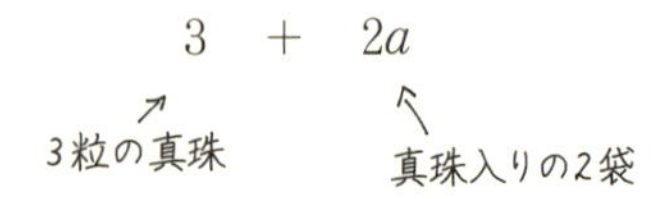

があったとしましょう。それは3粒の真珠と、真珠入りの2袋の和を表しているので、これ以上この和を簡単な形にすることはできません。これ以上何が言えるという

のでしょう？ しかし、

$$3a \quad + \quad 2a$$

↗ 真珠入りの3袋　　↖ 真珠入りの2袋

という数式であれば、話は違います。3袋と2袋の合計は5袋と計算できるからです。

$$3a + 2a = 5a$$

となるでしょう。理屈にかなっていると思いませんか？ $8x - 2$ という数式があったとすると、それは、8袋の真珠から2粒の真珠を差し引くという数式で、これに対しては、これ以上のことはわかりません。一方、

$$8x - 2x$$

という数式なら、8袋から2袋を引くことはできるので、

$$8x - 2x = 6x$$

と、答えは6袋になります。そして、$6x$ は、$8x - 2x$ に比べて、はるかに簡単な形ですね？ こういう理由で、$8x - 2x = 6x$ を数式の簡略化(簡単化)と呼ぶのです。

以上の問題で、簡略化とは係数の足し算や引き算のことだと気がついたかもしれませんね。

$$3a + 2a = (3 + 2)a = 5a$$
$$8x - 2x = (8 - 2)x = 6x$$

このように、袋の存在を考えずに計算できます。

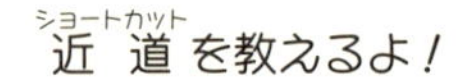

まったく同じ変数を持つ二つの項の和や差を求めたいときは、係数の和や差を求めるだけでよいのです。ただし、答えにその変数をくっつけることをお忘れなく。

要注意！　教科書で、$2y$ と $3xy$ という項が同時に含まれた数式を見たときには、この二つは別々の変数になることに気をつけましょう。なぜなら、$3xy$ には x があるからです。というわけで、係数 2 と 3 を足して 5 としないでください。（これらの項を“合わせる”ことについては、第 9 章で学びます。）

ここがポイント！　［復習］$x = 1x$ ということを忘れないようにしましょう。これは、係数を足し合わせるときに重要になってきます。いつでも係数 1 を書くようにしておけば、間違わないですむでしょう。

ステップ・バイ・ステップ

近道（ショートカット）の方法で、変数を含む項どうしの足し算、引き算をする。

ステップ 1. 和や差を求めようとしている項の変数が同じであることを確認する。

ステップ 2. 同じ変数の係数どうしを足したり、引いたりする。

ステップ 3. 答えを書くときに、変数を書き忘れていないかを確認する。

要注意！　係数の近道が有効なのは、足し算と引き算のときだけです。掛け算と割り算には、応用できません。$6x + 4x = 10x$ を $6 + 4 = 10$ と考えて計算できるのは、6 袋と 4 袋を合わせて 10 袋にする、という計算とまったく同じことをしているにすぎないからです。項と項の掛け算や割り算、たとえば $(6x)(4x) = 24x^2$ を、袋を使って考えるのは、もっと難しいでしょうね。（これについては、第 8 章でもっと詳しく触れます。）しかし、項と項の足し算、引き算をするときには袋の話を頭において考えれば、間違えることはないでしょう。

レッツスタート！　ステップ・バイ・ステップ実践

係数に注目する近道（ショートカット）の方法を使って、$7n-5n$ を簡単にしましょう。

ステップ 1. どちらも項の変数が同じく n なので、引き算を実行することができる。

ステップ 2, 3. 係数を引き算して、$7-5=2$ がわかり、それに n をくっつけると $2n$ となる。7 袋から 5 袋を引き算すると 2 袋残るので、これは正しい。

答え：$7n-5n=2n$

テイクツー！　別の例でためしてみよう！

$5n-7n$ を簡略化しましょう。

ステップ 1. 二つとも変数は n で同じ。

ステップ 2, 3. 近道（ショートカット）のやり方で、$5n-7n=(5-7)n$ とできることがわかります。整数の組み合わせ方から、$5-7$ のやり方はわかりますね。$5+(-7)$ と同じことなので、$5+(-7)=-2$ となります(10 ページ参照)。日常生活では、-2 袋ということはありえないので、近道（ショートカット）を使うのがより重要になってくるわけです。

答え：$5n-7n=-2n$

みんなの意見

「女子は、自分の能力が目立たないようにしたほうが周りから受け入れられると思いがちです。また、男の子たちから失礼なことを言われても、受け入れてしまうこともあります。それは、本当はよいやり方ではないと思います。本来の自分の姿を隠さず、重要な仕事をしている女性の存在はまだ数少ないので、貴重な存在だと思います。なぜなら、世界的にみて、頭のいい女の子は少ないからです。それから、イラクなどの外国の女性たちが立ち上がって、世の中をよりよくしようとしているのは、すごいことです。」マリエール(16 歳)

テイクスリー！　さらに別の例でためしてみよう！

今度は、式 $9-(-5x)-2x$ を簡略化してみましょう。ステップを始める前に、見た目をもう少しわかりやすくしましょう。マイナスがたくさんあるのは、感じが良くないと思いませんか？ まず、マイナスが二つ続けて出てきているところは、一つのプラスで置き換え、引き算は、負の数の足し算として書き直しましょう。すると $9+5x+(-2x)$。ここまではよろしいですか？ どうしてこのように書き直せるのか、その理由を考えてみてください。(わからない場合は、第 1 章を読み直しましょう。)

ステップ 1. 二項目と三項目は同じ変数 x なので、この二つを合わせます。$5x+(-2x)$ を実行しましょう。

ステップ 2，3. 近道(ショートカット)の方法を使って、$5+(-2)=3$ から $5x+(-2x)=3x$ となるのがわかります。ですから、はじめの数式は $9+3x$ となります。おしまい。

答え：$9-(-5x)-2x=9+3x$

要注意！ $3h-h=3$ が正しいと思わないように！ だまされてはいけません。ぱっと見に正しく思えても、これはまったくの間違いです。変数 x や h(あるいは、他の文字を使っていても)を扱うときは、真珠の入った袋を考えているのと同じなので、$3h-h$ は、“3 袋あるところから 1 袋取り除く” という意味になります。ですから 2 袋が残る、つまり $2h$ が正しい答えです。変数 h は $1h$ と同じだということを思い出してから、近道(ショートカット)を使いましょう。$3h-1h$ の係数の引き算 $3-1=2$ から、$3h-h=2h$ と正しい答えが導けます。

変数は、いつも未知のもの(真珠でもかまいませんが)の入った袋を表しているということを覚えておきましょう。そうすれば正しく計算できます。

ところで、この章のはじめに $3h-3$ について触れました。ここまで読めば、この式をこれ以上簡略化できないことがはっきりしたと思います。これは、3 袋から 3 粒の真珠を取り去るという意味だからです。そして、式

$h-3h$ に対しては、$1-3=-2$ の計算をして、$h-3h=-2h$ とできるわけです。

ここがポイント！　三つ以上の整数を足し合わせるのと同じようにして、三つ以上の変数の項を足し合わせることができます。一つずつ足し算をしていけばいいだけです。たとえば、式 $5z-9z+6z$ をこれ以上計算できないというところまで簡略化するには、私ならまず、この式を和の形 $5z+(-9z)+6z$ に直し、そこからはじめの二つの項を足し合わせて、その結果と三番目の項を足し合わせます。あなたも自分で試してみましょう。答えは $2z$ です。

練習問題

次の数式を簡略化しましょう。最初の問題は私が解きましょう。

1. $\frac{1}{2}x-\frac{5}{2}x-(-x)=?$

解：まず初めに、二重にマイナスの符号があるところは、一つのプラスに置き換えることと、引き算を負の数の足し算に直すことを実行しましょう。そして x に係数 1 を書き加えて、$\frac{1}{2}x+\left(-\frac{5}{2}x\right)+1x$ が得られます。ここまではよろしいですか？ では、係数のみを書き出してみると

$\frac{1}{2}+\left(-\frac{5}{2}\right)+1$ になりますが、負の符号を分子に移します(67 ページ参照)。負の分数の足し算ですが、いつもの分数の計算と同じようにします。分母が同じ分数どうしの足し算は、分子どうしの足し算をすればよいのでしたね。$\frac{1}{2}+\frac{-5}{2}=\frac{1+(-5)}{2}=\frac{-4}{2}=-2$。次にこの -2 と 1 とを足し合わせて $-2+1=-1$。ところで、何の計算をしていたのでしたっけ？ そうです。$\frac{1}{2}x+\left(-\frac{5}{2}x\right)+1x$ を簡略化するために、x の係数を足し合わせていたのでした。係数の和は -1 とわかりましたから、答えは $-1x$、あるいは、$-x$ と書くことができます。

答え：$\frac{1}{2}x-\frac{5}{2}x-(-x)=-x$

2. $9j+3j-5j=?$
3. $11c-4c-(-7c)=?$
4. $0.8y-(-0.3y)-0.9y=?$
5. $\frac{1}{2}z-\frac{1}{4}z=?$
6. $7t-2t-(-t)+10=?$（ヒント：定数の項は、変数のある項とは分けて考えましょう。）

この章のおさらい

変数が同じ項と項との足し算や引き算は、その係数の足し算や引き算をすればいいのです。最後に変数を書き加えることを忘れないでください。

数式を簡略化するときには、負の符号を先に処理してしまうことが、たいへん役に立ちます。項と項の足し算や引き算を実行するときには、二重のマイナスは一つのプラスで置き換え、引き算は、負の数の足し算に直しましょう。

変数を含む項の積と商

足し算と引き算がわかってきたので、掛け算と割り算に進みましょう。小学校の算数に戻ったような気がしませんか？ もちろんここでは、変数つきの計算になります。でも実際、変数を含む項どうしの乗法や除法は、それほど難しくはありません。特にあなたが、ものごとをきちんとまとめることが好きだったら、きっと得意になるはずです。

変数つきの掛け算：いっしょにまとめる

変数を含んだ掛け算はとてもやさしいということをお知らせしましょう。係数と変数を全部ひっくるめてまとめて書くだけなのです。すぐにできるようになります。

まず、掛け算の記号について復習しましょう。59ページで見たように、掛け算の表し方は、ごまんとあるからです。（もちろん、これは誇張した表現で、実際には、8〜9通りといったところでしょう。細かいことはさておいて、私の言いたいことは、わかっていただけると思います。）そこに変数まで加わると、よけいに混乱する恐れがあります。

変数を含んだ掛け算のまとめ

掛け算を表す記号には、×、・、(　)、[　]などがあり、ときには、まったく記号なしで書くこともあります。ここで、いくつかの例を紹介しましょう。まず、5 掛ける 3 の表し方：

$$5 \times 3 = 5 \cdot 3 = (5)(3) = 5(3)$$
$$= (5)3 = [5][3] = 5[3] = [5]3$$

次に、5 掛ける x の表し方：

$$5 \times x = 5 \cdot x = (5)(x) = 5(x)$$
$$= (5)x = [5][x] = 5[x] = [5]x = 5x$$

掛け算の記号を省略することが許されるのは、変数の掛け算のときだけであることに気をつけましょう。たとえば、$3y = 3 \times y$ や $ab = a \times b$ などは大丈夫です。二つの変数が隣どうしに書いてあるときは、掛け合わされていることを意味します。

数と数の掛け算で記号を省略したらダメですね。$34 \neq 3 \times 4$ ですから。また $2\frac{5}{8} \neq 2 \times \frac{5}{8}$ もおわかりですね。$2\frac{5}{8} = 2 + \frac{5}{8}$、つまり帯分数なのでした。(だから、計算をするときは帯分数を仮分数に直したほうが間違いにくいのです。)

ここがポイント！　137 ページで触れたように、係数はいつも変数よりも先に書きます。$y \cdot 4 = 4y$ とするのが普通で、$y4$ とは書きません。また、文字はアルファベット順に並

べることが多いです。$3ba$ よりも $3ab$ と書かれているのを見ることが多いでしょう。順番はどちらでも、意味は同じです(46 ページで述べたように、掛け算は交換法則が成り立つからです。つまり、掛け算は順番を交換しても値は同じで、$3xy$ も $3yx$ も $y(3)x$ も同じ意味なのです)が、答え合わせをするときに、このような規則的な書き方のほうがチェックしやすくなりますね。

さて、これらの点をすべて考慮した上で、$5x \cdot 4y$ の掛け算をしてみましょう。まず、4 を先頭に移動して、係数 5 といっしょにします。すると、$5 \cdot 4 \cdot x \cdot y$ となるので、全部いっしょにまとめて、$5 \cdot 4 \cdot x \cdot y = 20xy$ とします。

要注意！　ところで、$7a \cdot 3a$ のような掛け算をするときは、二つの a をまとめて、aa とするのではなくて、a^2 と書きます。(つまり、$7a \cdot 3a = 21a^2$ とします。) 累乗については、方程式を極める篇第 15 章と第 16 章で、もっと詳しく学びます。ここでは、一つの例だけを挙げておきます。

もしあなたにとって、$5 \cdot 3x = 15x$ があたりまえに思えるのであれば、ここは読まなくてもかまいませんが、ちょっと立ち止まって考えると、おもしろいことに気づくかもしれません。そもそも、なぜ $5 \cdot 3x$ は $15x$ と等しくなるのでしょう？なかなか良い質問です。これは、こんなふうに説明できるかもしれません。あなたは真珠が入った袋を三つ持っていましたが、その 5 倍の量の真珠を手に入れることができました。するとあなたは、合計で 15 袋の真珠を持っていることになりませんか？ あるいは、一列に 3 袋ずつ 5 列並んでいるところを想像してもいいでしょう。やはり、合計で 15 袋あることになります。

あるいはまず、その掛け算をカッコを使って書き直してから、35 ページで紹介した結合法則を使って、先に計算をするグループを取り替えてみるのです。

$$5 \cdot 3x = (5)(3x) = (5 \times 3)(x) = (15)(x) = 15x$$

つまり、3 と x をグループにするのではなく、3 と 5 をグループにするのです。そうすると、15 が得られるでしょう。このように別の見方をすると、納得しやすくなるかもしれませんね。

映画スターに聞きました！

「私は学校がとても好きな生徒でした。同級生は、学校が大好きな私を暗い性格だと考えていたようでした。」ナタリー・ポートマン（スター・ウォーズのエピソード 1～3 に出演）

ここがポイント！　～マイナスの記号～

変数をふくんだ表現の掛け算をするとき（あるいは、割り算のときでも）、負の符号の扱い方は、整数の掛け算のときのルール（第 3 章）

と同じです。掛け算をするときは、負の符号の数だけを数えます。負の符号の個数が偶数個のときは、お互いに打ち消し合います。しかし、負の符号の数が奇数個あるときは、その積は負の符号が付きます。付けるのは一つだけでいいのです。

ステップ・バイ・ステップ

変数を含んだ式の掛け算

ステップ 1. まず、掛け算の式に負の符号が含まれているかどうか、確認します。もし、負の符号を含んでいれば、全部でいくつあるか数え上げます。整数の掛け算で学んだときと同じように、負の符号が偶数個なら打ち消しあってなくなり、奇数個なら、一つだけ残します。

ステップ 2. 変数以外の数はすべて先頭に移動して、お互いどうしを掛け合わせた結果を新しい係数とします。

ステップ 3. 全部を一つにまとめます。同じ変数どうしの掛け算が残っている場合は、累乗(これについては、方程式を極める篇第 16 章でもっと詳しく学びます)の形に正しく書き直します。また、変数はアルファベット順に並べるとうっかり間違いを防げるでしょう。できあがり。

レッツスタート！ ステップ・バイ・ステップ実践

掛け算 $-9x(8y)\left(-\frac{1}{4}\right)$ をやってみましょう。心配しなくてもいいです。見た目ほど難しい問題ではありません。

ステップ 1. ちょうど二つの負の符号があるので、お互いに打ち消し合います。負の符号は全部消してしまいましょう。思い切り消していいのです。

ステップ 2，3. 全部の係数を先頭に持ってくると、$9(8)\left(\frac{1}{4}\right)xy$ となります。係数だけを掛け合わせると、8 と $\left(\frac{1}{4}\right)$ の掛け算があるので、先にやってしまうと 2 になりますね。ですから、新しい係数は $9(2)=18$ と計算できます。これで計算はおしまい。

答え： $-9x(8y)\left(-\frac{1}{4}\right)=18xy$

要注意！　たとえば、$5+x\cdot 4$ のような問題のときには、4 と 5 を掛け算したりしないように気をつけましょう。この二つの数の間には足し算の記号があります。つまり、$5+x\cdot 4=5+4x$ と変形できるだけで、それ以上まとめて簡単にすることはできません。

テイクツー！　別の例でためしてみよう！

$(-3)(-x)(-2)-4x$ をより簡単な形に直しましょう。

まず、全部が一つの掛け算の形ではないことに気をつけましょう。はじめの三つの数と変数は掛け算で、最後に引き算があります。マイナスの記号がたくさんあるときは注意が必要です。(はじめの三つが積であることは、カッコがお互いにくっつき合っていることからわかります。)

演算の優先順位を思い出すと、PEMDAS の法則(30ページ参照)に従えばよかったので、まず、掛け算の部分 $(-3)(-x)(-2)$ に焦点をあてます。

ステップ 1. 掛け算の部分にある負の符号は全部で 3 個、奇数あるので、答えは負の数になることがわかります。つまり、$-(3)(x)(2)$ と書き直すことができます。

ステップ 2，3. ただの数を先頭に持ってきて掛け算することで、新しい係数が得られます。変数は一つだけなので、まとめる必要もなく、積は $-6x$ とわかります。

ですから、問題の式全体は $-6x-4x$ と書き換えることができます。引き算を負の数の足し算に直すことで、$-6x+(-4x)=-10x$。これで終わりです。

答え：$(-3)(-x)(-2)-4x=-10x$

練習問題

次の式を簡単にしてください。最初の問題は私が解きましょう。

1. $(-7y)(-2)(-x)(-y)=?$

解：すべてが掛け算なので、全部を一つにまとめることが必要です。負の符号は 4 個で偶数なので、お互いに消去されてしまいます。ここからは、負の符号はまったく存在しないとして進めていっていいのです。なんて素晴らしいことでしょう。次に数だけを先頭に持ってきて掛け合わせ、新しい係数を求めたら、文字をすべてアルファベット順になるようにまとめます。$(7)(2)yxy=14xy^2$ となります。

答え：$(-7y)(-2)(-x)(-y)=14xy^2$

2. $(8g)(-2gh)=?$
3. $(-9a)(-5b)\left(\frac{1}{9}a\right)=?$
4. $(10w)(0.1)(2w)=?$
5. $(163v)(0)v(6x)=?$

変数に付いた負の符号の意味

あなたも気づいているかどうかはわかりませんが、私たちは奇妙なことをしています。つまり、変数を扱うとき、負の符号を数えて、消去したり一つだけ残したりしていますが、このような変数の積の実際の値（変数に数を代入した値）が正の数なのか、負の数なのかにまったく触れてきませんでした。単に、負の符号を付けるか付けないかだけを考えているのです。そのわけは、正直なところ積が正の数になるのか、負の数になるのかは、まったくわからないからです。それは、x の値に依存するからです。そして、その x の値はまったく予測できないからです。61 ページで述べたように、x の反対の符号を持つ値が $-x$ であり、$-x$ の反対の符号を持つ値が x であることは真実ですが、x と $-x$ のうち、どちらが正の数でどちらが負の数かということは、まったくわからないのです。(もしかすると、0 かもしれないのです。)

普通の数については、$-(-5)$ を簡単化すると、5 という正の数になることは明らかですが、変数については、二つの負の符号が消去しあって、$-(-y)=y$ になるものの、y そのものが、正の数か負の数かはわからないのです。でも、それでいいのです。私たちがすべきことは、符号を正しくつけることだけで、それ以上何もすることはないのです。

みんなの意見

「私が個人的に数学を好きな理由は、問題を解いた結果、得られた答えが “たぶん” とか “おそらく” というものではなく、正しいか、間違っているかのどちらかに決まっているからです。」ハナ(14 歳)

変数を含んだ割り算:変数を含んだ分数

ここから先、割り算は分数の形で表されたものだけを目にすることでしょう。分数は割り算を意味していたことを思い出してください。$3\div4$ という式は $\frac{3}{4}$ とまったく同じことを意味しています。結果的に、どちらも同じ答え 0.75 になりますね。同じ理由で、$y \div 4$ と $\frac{y}{4}$ は、まったく同じことを意味しています。

ここで気づいて欲しいことは、分数に含まれた変数は、普通の数と同じように扱っていいということです。なぜなら、変数は基本的に普通の数の仮の名前として使われているだけだからです。その値が実際に何と等しいのか、わかっていないだけのことです。

二つの分数の積 $\frac{3}{2} \times \frac{5}{3}$ を求めるときはどうしたらいいか、わかっていますね。分子どうし、分母どうしをそれぞれ一つの掛け算の形に直して、公約数で約分するのでした。(公約数とは、分母と分子の両方に共通して現れる約数のことでした。)

$$\frac{3}{2} \times \frac{5}{3} = \frac{3 \times 5}{2 \times 3} = \frac{\cancel{3} \times 5}{2 \times \cancel{3}} = \frac{5}{2}$$

まったく同じ方法で、$\frac{a}{2} \times \frac{5}{a}$ の計算が実行できることに注意しましょう。分母どうし、分子どうしをそれぞれ掛け合わせればいいのです。

$$\frac{a}{2} \times \frac{5}{a} = \frac{a \times 5}{2 \times a} = \frac{\cancel{a} \times 5}{2 \times \cancel{a}} = \frac{5}{2}$$

そして、数と同じように、分母と分子に共通に現れる変数を打ち消し合うこともできます。分母にも分子にもある a はどちらも同じ数を表しているので、その数が実際どんな値なのかを知らなくても、分母と分子の公約数であることに変わりはありません。約分できるのです。（ただし a が 0 でない場合に限ります。下記をご覧ください。）

割り算、つまり分数の性質を復習しましょう。

分数の特徴

すべての数 n（0 は除く）について次が成り立ちます。

$\frac{n}{n}=1$：すべての数（0 は除く）を自分自身で割ると 1 になります。$\frac{4}{4}=1$、$\frac{-2}{-2}=1$ など。

$\frac{n}{1}=n$：どんな数も分数の形に表せる、という事実を変数を使って示したものです。変数 n に数値を代入すれば $5=\frac{5}{1}$、$163=\frac{163}{1}$ などが得られます。これだけは $n=0$ に対しても成り立ちます。つまり、$\frac{0}{1}=0$。

$\frac{0}{n}=0$：n が 0 以外のどんな数でも、全体を n 等分したうちの 0 個分は 0 に等しくなります。$\frac{0}{0}$ が 0 でないことをはっきり理解しておきましょう。$\frac{0}{0}$ はどんな値とも等しくありません。これが何であるかを定義するのは不可能です。なぜなら 0 で割ってはいけないからです。

$\frac{n}{0}$：定義できません。どんな数も“0 で割る”ことはできないからです。絶対にやってはいけないことなのです。内緒の話ですが、これは、ある意味で無限のようなもの、とは言えるかもしれません。無限をどうやって扱うかは、将来、微分積分で極限という概念が登場するときに学ぶでしょう。私の大好きな数学のテーマです。

上記で述べた、「すべての数(0は除く)」というのは、0でさえなければ何でもよいという意味です。だから n は、小数の5.6でも、分数 $\frac{1}{2}$ でも、-0.4 でもいいということです。$\frac{5.6}{5.6}=1$、$\frac{\frac{1}{2}}{1}=\frac{1}{2}$(このように分母や分子がまた分数になっているものを「繁分数」と言います。『数学を嫌いにならないで』の第9章参照)、$\frac{0}{-0.4}=0$ が成り立つことを確かめておきましょう。

以上のような復習をしたのには理由があります。考えてみてください。これらの性質が(0を除く)どんな数に対しても成り立つのであれば、同様にすべての変数についても(その変数が0にならない限り)成り立つはずです。なぜなら、変数は数を表しているからです。その値がまだわからないというだけです。だから $\frac{x}{x}=1$ や、$\frac{x}{1}=x$、$\frac{0}{x}=0$ が成り立つわけです。また、$\frac{x}{0}$ は定義できません。

つまり、分数に表れる変数は、0でない数と同じように扱うことができるということです。ということは、計算を進めているうちに自信がなくなったら、変数は何かの数だと思って試してみると、どのように計算できるかはっきりしてくるでしょう。これは、変数を扱うときのヒントになります。

要注意！ $\frac{3+d}{9+d}$ のような分数をみて、d を消去しようとしてはいけません。数を扱うときと同じように、分数で約分できるのは、掛け算の形になっているときだけです。つまり、$\frac{2\times c}{9\times c}=\frac{2c}{9c}=\frac{2\cancel{c}}{9\cancel{c}}=\frac{2}{9}$ は正しい約分ですが、$\frac{3+d}{9+d}$ は、これ以上簡単にすることはできません。このまま何もしないでおくのが正しいのです。

消去できそうだと焦って、不注意に約分しすぎないように気をつけましょう。

ここがポイント！ 「$8xy$ を $2y$ で割る」という文章を見たら、分数の $\frac{8xy}{2y}$ と書き直しましょう（169 ページの $\frac{3}{4}$ の例が参考になるかもしれません）。分数の形に表してさえしまえれば、普通の数の分数と同じように扱うことができるので、分母と分子の公約数で約分することによって、分数を簡単な形に直せます。

$$\frac{8xy}{2y}=\frac{{}^{4}\cancel{8}x\cancel{y}}{{}_{1}\cancel{2}\cancel{y}}=\frac{4x}{1}=4x$$

慣れないと、変な感じがするかもしれませんが、練習すれば、無理なくこなせるようになります。

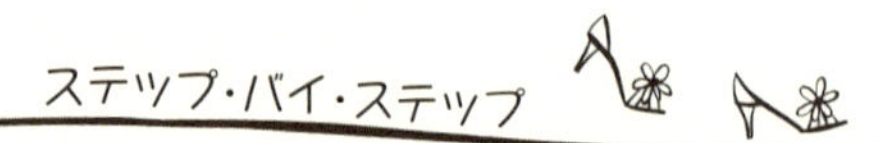

変数を含んだ乗法や除法の簡単化

ステップ 1. 割り算はすべて、分数の形で表されていることを確認する。そして、掛け算と割り算だけからなる項を順に一つずつ扱うことに注意する。

ステップ 2. 積の中に、負の符号がいくつあるか数える。偶数個あるときはお互いに打ち消し合って、マイナスはなくなります。一方、奇数個あるとき、その積は負の符号が一つ付きます。

ステップ 3. 文字以外の数をすべて先頭に集めて、それらの数どうしの掛け算や割り算を実行する。

ステップ 4. 変数も掛け算、記号をまとめてしまい、分母と分子の公約数があれば約分して、より簡単な形にします。いつものように、文字はアルファベット順にするとよいでしょう。完成！

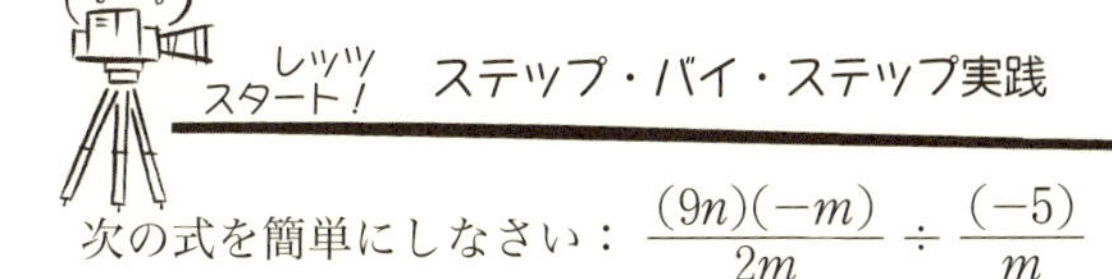

次の式を簡単にしなさい：$\dfrac{(9n)(-m)}{2m} \div \dfrac{(-5)}{m}$

ステップ 1. まず、割り算を分数に直しましょう。あなたは「でも、すでに式の中にも分数が含まれている。さらに、割り算を分数に直すと言われても…？」と、混乱するかもしれません。そんなときは、分数の割り算を学習したときのことを思い出してください(『数学を嫌いにならないで』では第5章)。分数の割り算では、後ろにある分数の分母と分子をひっくり返してから、普通に掛け算すればよかったのでした。そうすれば、最終的に正しい答えが得られます。変数に対しても同じ要領で対応することができるのです。

$$\frac{(9n)(-m)}{2m} \div \frac{(-5)}{m} = \frac{(9n)(-m)}{2m} \times \frac{m}{(-5)}$$

さて、普通の分数の掛け算と同じように、分母と分子は、分母どうし、分子どうしでまとめることができます。

$$\frac{(9n)(-m)}{(2m)} \times \frac{m}{(-5)} = \frac{(9n)(-m)(m)}{2m(-5)}$$

これで割り算がなくなって、全体で一つの分数の形になりました。さぁ、次のステップに進みましょう。

ステップ 2，3. 負の符号は二つあるので、打ち消し合って、なくすことができます。そして、分母と分子にある数を先頭に移動しましょう。

$$\frac{(9n)(-m)(m)}{2m(-5)} = \frac{(9n)(m)(m)}{2m(5)} = \frac{(9n)(m)(m)}{10m}$$

ステップ 4. 数どうしで約分できるものはありませんが、変数 m は、分母と分子の両方にあるので約分できます。

$$\frac{(9n)(m)(\cancel{m})}{10\cancel{m}} = \frac{(9nm)}{10}$$

最後にアルファベット順にして、最終的な解答が得られます。

答え： $\dfrac{(9n)(-m)}{2m} \div \dfrac{(-5)}{m} = \dfrac{9mn}{10}$

ここがポイント！　ところで、137 ページで述べたように、変数に分数で表された係数がついているときは、二通りの書き方がありました。たとえば、$\frac{3}{4}x = \frac{3x}{4}$ や $\frac{1}{2}z = \frac{z}{2}$ などです。この理由は、次の通りです。$\frac{3}{4}x$ とは、$\frac{3}{4} \times x$ のことであるというのはよろしいですね。この事実と、171 ページで学んだ性質、つまり、どんな変数も 1 を分母とする分数で表せる、ということを使うと、

$$\frac{3}{4}x = \frac{3}{4} \times x = \frac{3}{4} \times \frac{x}{1} = \frac{3 \times x}{4 \times 1} = \frac{3x}{4}$$

ご覧の通り、$\frac{3}{4}x = \frac{3x}{4}$ を言うことができました。$\frac{1}{2}z$ のほうも、自分でやってみてください。

練習問題

次の式を、69 ページで変数を含まない数だけの分数の掛け算・割り算にしたのと同じ要領で、より簡単な形に変形してください。（分母にある変数はすべて、0 にはならないと仮定して計算すること。）最初の問題は私が解きましょう。

1. $(-1)(-a)(-b)+\dfrac{-a}{(a)(-b)}$

解：前のときと同じように、左から項を一つずつ整理していきます。はじめの項にある負の符号を数えると三つ、奇数なので、負の符号一つで表されて、結局、$(-1)(-a)(-b)=-ab$ となります。次の項の負の符号は偶数（二つ）なので、負の符号はまったくいらないことになります。分母と分子に共通する a を約分します。$\dfrac{-a}{(a)(-b)}=\dfrac{a}{(a)(b)}=\dfrac{\cancel{a}}{(\cancel{a})(b)}=\dfrac{1}{b}$ となります。二つの項を合わせたものが答えです。

答え：$(-1)(-a)(-b)+\dfrac{-a}{(a)(-b)}=-ab+\dfrac{1}{b}$

2. $(-2)(-x)(y)+\dfrac{yz}{y}$
3. $\dfrac{-10(-a)}{(-5)ab}$
4. $\dfrac{-9c(-d)}{3d}\div\dfrac{c}{(-2)}$　（ヒント：175 ページ参照。）

この章のおさらい

変数を含んだ掛け算や割り算をするときには、負の符号の処理を先にしてしまいましょう。つまり、各項の負の符号の個数を数えて、その項の符号を決定してしまうのです。それからは符号のことは忘れて式の簡単化に集中します。

分数の中でも、変数は普通の数を同じように扱うことができます。ある変数が、分子と分母に共通して現れるときは、数と同じように約分できます。

0が分数の分母になることは決してありません。だから、xが分母にあるときは、xは0ではないのです。さもなくば、その式は数学の世界では“定義不可能”となってしまいます。そのような分数は、どんな数にもなりません。

同類項をまとめる

14 歳のとき、はじめて出演したテレビ番組『素晴らしき日々』で、誰が誰に恋したかを探ろうとして、誤解が生じてしまうというエピソードがありました。「あなたは彼のことが好きですか？」と単刀直入に訊ねればよいかもしれません。でも、この質問もあいまいなものです。そこで、そのエピソードでは、「好き」という答えに対しては、「彼のことが好き(ライク)なの？ それとも彼のような(ライク)人が好き(ライク)なの？」と、聞き返したものでした。そして、これが私たちの学んでいる“代数の初歩”とつながりがあるのです。

あなたはまだ習っていないかもしれませんが、二つの項が同じ(ライク)<u>変数</u>を持つとき、その二つは同類項(Like Terms)と呼ばれるのです。そうです、その二つは互いに好き(ライク)合っていると考えることができます。それはとても好ましく(ライク)、お互いによく似ている(ライク)カップルと思いませんか？ たとえば、$3\boldsymbol{x}$ と $2\boldsymbol{x}$ はお互いによく似ています。同様に $4\boldsymbol{xy}$ と $-7\boldsymbol{xy}$ も似ています。係数はなんでもかまわないのです。変数の部分だけを問題にしています。変数だけが、お似合いのカップルかどうかを決めるのです。ここで、

$3a$ と $4ab$ は、同類項ではないことに注意しましょう。

まったく同じ変数部分を持つ項は同類項だとみなすことにします。そして、ある表現の中に二つ以上の同類項が存在するときには、それらを組み合わせて、全体をより簡単に整理された形にできます。その表現全体がより短くよりわかりやすいように変形できるのです。

数学では"短くてわかりやすい"というのは、もっとも好ましいことです。

この言葉の意味は？・・・同類項

同類項というのは、変数の部分がまったく同じ項どうしを指します。たとえば、$8xy$, $-\frac{1}{2}xy$ や、$(0.03)xy$ は、変数部分 xy が同じなので、同類項であるということができます。しかし、$8xy$ と $8x$ は同類項ではありません。なぜなら、変数部分が異なるからです。また、使われている変数が同じ種類というだけでは同類項とは限りません。たとえば、$2x$ と $2x^2$ は、累乗（何回その文字が掛け合わされているか）の部分が同じではないので、同類項ではありません。同類項になるためには、指数の一致も必要だからです。

式に同類項が含まれているとき、つまりまったく同じ変数部分を持つ項が存在するときは、152 ページで学んだ係数の近道（ショートカット）のように、係数どうしを組み合わせることができます。たとえば、$5xy - 2xy = 3xy$ とまとめられます。

要注意！　どの項とどの項が同類項であるかを判断することが、いつも簡単であるとは限らないことに注意しましょう。たとえば、$3xy^2$ と $4y^2x$ が同類項であることはわかりにくいかもしれませんが、xy^2 と y^2x がまったく同じことを意味していることから、正しいことがわかります。文字の掛け算は順番を変えても同じものであることを覚えておきましょう。大事なことは、どちらの項も変数が x と y^2 の積だけであることです。一方、$3xy^2$ と $4yx^2$ は、掛け算の順番をどう変更しても、絶対同じにはならないので、同類項ではないのです。（どうがんばってもうまくいかない、相性があわない人間関係と似ているかもしれません。）変数をアルファベット順に書く習慣をつけておくと、より簡単に違いをみつけることができます。

真珠の入った袋をもう一度考える

なぜ同類項でないものどうしを組み合わせてはいけないのか、という疑問にお答えしましょう。

$3x+2x+6$ のような表現を計算するときには、はじめの二項を合わせて $3x+2x=5x$ とし、最終的な答えは $5x+6$ になるとわかるでしょう。x は袋に入っている真珠の個数を表しているとすれば、3袋＋2袋 ＝5袋と考えられることはわかりますね。

しかしながら、$3x+2y+6$ という表現ならば、これ以上この式を簡単にする方法は存在しないのです。なぜなら、x と y は、まったく別の種類の袋だからです。y を真珠入りの箱だと考えることにしましょう。x の袋には、ある未知数の真珠が入っています。たとえば、5粒とか10粒だとかです。それに対して y の箱には、$2\frac{1}{2}$ 個の真珠、あるいは一億個の真珠が入っているかもしれません。言い換えると、x と y は別の数を表す変数なので組み合わせることはできないのです。(ところで、xy というのは、またまったく違った種類の入れ物と思ってください。たとえば、ハンドバッグやカバンを想像してもいいでしょう。そして、その中には、まったく異なる数の真珠が入っているのです。)

イタズラ書きは好き？

たとえば、あなたが、

$$2x+y+2y$$

のような表現を整理する必要があったら、たぶん、ぱっと答えを出すことができるでしょう。その答えは $2x+3y$

です。あなたは、「この同類項をまとめるという問題はさほど難しくはないようだ。」と思うかもしれません。

しかし、次の問題はもっと長いものです。たとえば、

$$3x + y - x^2 + 2 - 7 - 4y + 5x^2 + x + 2y$$

を整理しなさい、という問題です。するとあなたは「言うは易く、行うは難し。」といった心境になるかもしれません。実は、こんな問題には良い方法があり、信じられないかもしれませんが、あなたの芸術的才能を発揮するよい機会にもなるのです。

芸術的才能を発揮する前に、すべての引き算を足し算の形に直す必要があります。きっと、そうしてよかったと思えることでしょう。演算の優先順序 PEMDAS に煩わされることなく自由に項を動かすことができるからです。（これについては、52 ページ参照。）それから、紛らわしい係数である 1 と -1 も省略せずに書きましょう。

$$3x + 1y + (-1x^2) + 2 + (-7) + (-4y) + 5x^2 + 1x + 2y$$

さぁ、ここで、あなたの芸術性を発揮しましょう。やるべきことは同類項を見つけ出すことです。つまり、文字にだけ注目して、まったく同じ文字(指数も含めて)を持つ項を探すことです。まず、x だけの項を探しましょう。見つけたら下線を引きます。このとき、どんな下線を引くかが芸術的瞬間です。これ は、どうでしょう？

次はどの変数にしましょう？ y だけの項はどうでしょう？ これには≈≈、そして x^2 の項には〰〰というのは

いかがですか？ この方法が同類項さがしには役立つようです。一度に一種類の項だけに注目すればいいので、混乱しないで済むからです。それに、イタズラ書きみたいで楽しいですね。

$$3x+1y+(-1x^2)+2+(-7)+(-4y)+5x^2+1x+2y$$

では、同類項をまとめて計算します。まず、×××××× を探して、$3x+1x=\mathbf{4x}$ としましょう。y の項に対しては、≈≈ を集めて $1y+(-4y)+2y=\mathbf{-1y}$ とできます。$-1y$ は $\boldsymbol{-y}$ と直します。x^2 の項に対しては、〰 を集めて、$(-1x^2)+5x^2=\mathbf{4x^2}$ です。そして、すべての項の計算が済んだことを確かめます。

最後に、定数項をまとめましょう。下線を引いてもいいですが、引かなくても、定数項はそれだけで目立つものです。下線を使うかどうかは、あなたが決めましょう。定数項は $2+(-7)=\mathbf{-5}$ と計算できるので、$\mathbf{4x+(-y)+4x^2+(-5)}$ となります。これが答えです。

要注意！　上の問題でみたように、x^2 もまた、真珠の別の入れ物となります。だから、$x^2+x^2=2x^2$ となるわけです。間違ってもこれを x^4 などとしないでください。（累乗については方程式を極める篇第 16 章で詳しく学びます。）

ここがポイント！　上の問題の答えを、足し算の形から、引き算の形に戻すことも可能です。そのようにしなさいという指示があるときは、答えは $4x-y+4x^2-5$ となります。そのような指示がなければ、和の形で表された答えで十分です。引き算の形にするのは、もう少し勉強が進んでからでもよいでしょう。

要注意！　下線のデザインは、はっきりと区別できる形にするとあとでまちがわずにすみます。上手に区別できるように書けなかったり、芸術センスが足りないと思ったりしたときは、一重、二重、三重 の下線を書くとよいです。

ステップ・バイ・ステップ

同類項をまとめて、表現をより簡単な形に直す方法

ステップ 1. まず、引き算で表されているところを、負の項の和の形に直します。（復習は、10 ページ参照。）係数がないように見えるところは、わかりやすいように、1 や −1 を書き加えてもよいでしょう。

ステップ 2. まったく同じ変数を持つ項どうし(同類項)を、同じデザインの下線で、特徴づけます。

ステップ 3. 同類項どうしの係数を合わせて一つの係数であらわします。(やり方は、152 ページ参照。) 完成。

ステップ・バイ・ステップ実践

次の表現を、同類項どうしをまとめることによって、簡単な形に直しなさい。

$$(0.5)ab^2+2b^2+(1.5)ab^2+8-ab^2+b^2+2-3b^2$$

ステップ 1, 2. 見るからに複雑な表現ですが、まず、引き算で表されているところを負の項の和の形に直し、係数 1、−1 も書き加えましょう。それから、同類項どうしを下線で区別していきます。よく見ると、二種類の同類項 ab^2 と b^2 があるようです。

$$\underline{(0.5)ab^2}+\underline{2b^2}+\underline{(1.5)ab^2}+8+\underline{(-1ab^2)}$$
$$+\underline{1b^2}+2+\underline{(-3b^2)}$$

ステップ 3. 同類項どうしをまとめる準備ができました。ab^2 の項からはじめましょう。$(0.5)ab^2+(1.5)ab^2+(-1ab^2)$ の計算は、係数だけを計算すればいいのでした。つまり、$0.5+1.5+(-1)=2+(-1)=1$ となるので、$(0.5)ab^2+(1.5)ab^2+(-1ab^2)=1ab^2$ と計算できることがわかります。なぜなら、これらはすべて同じ項 $\boldsymbol{ab^2}$ を持っているからです。

さて、次に、b^2 の項に移ります。

$$2b^2 + 1b^2 + (-3b^2) = 0b^2 = \mathbf{0}$$

となります。どうしてでしょう？ ゼロは何と掛けてもゼロになることを思い出してください。あるいはこう考えてもいいです。二袋と一袋を合わせたところから三袋を引くと、何も残りません。うまい具合に b^2 の項は消えてしまいました。最後に定数項の計算をしましょう。$8 + 2 = \mathbf{10}$ です。というわけで、$ab^2 + 0 + 10$、最終的な答えは $ab^2 + 10$ と、とても簡単な形になりました。

答え：$(0.5)ab^2 + 2b^2 + (1.5)ab^2 + 8 - ab^2 + b^2 + 2 - 3b^2 = \boldsymbol{ab^2 + 10}$

練習問題

同類項をまとめて、次の表現を簡単な形にしましょう。最初の問題は私が解きましょう。

1. $\frac{1}{5}x - 4x^2 - (0.2)x + 3x^2$

解：まず、上記の表現を和の形に変形してから、同類項どうしに同じ種類の下線を引くことで計算しやすくします。

$$\underset{\sim\sim}{\frac{1}{5}x} + \underline{\underline{(-4x^2)}} + \underset{\sim\sim\sim}{(-0.2x)} + \underline{\underline{3x^2}}$$

準備が整いました。まず、x だけの項に注目します：$\frac{1}{5}x +$

$(-0.2x)$。係数どうしのみをまとめればよいので、$\frac{1}{5}+(-0.2)$ を求めればよいことがわかります。ところで、この二つをまとめるには、二つとも分数、あるいは二つとも小数の形にする必要がありました。（小数を分数に直す方法は、『数学を嫌いにならないで』の第 12 章を参照。）さて、-0.2 を分数にすることに決めたとすると、まず、これを $-\frac{0.2}{1}$ と書き直してから、分母と分子がまったく同じ分数、ここでは $\frac{10}{10}$ を掛けることによって、その値を保ったまま表現だけを普通の分数にしましょう。

$$-0.2=\frac{-0.2}{1}\times\frac{\mathbf{10}}{\mathbf{10}}=\frac{-0.2\times\mathbf{10}}{1\times\mathbf{10}}$$
$$=\frac{-2}{10}\text{（約分）}=-\frac{1}{5}$$

これで x の項の係数を計算することができます：$\frac{1}{5}+\left(-\frac{1}{5}\right)=0$。つまり $\frac{1}{5}x+(-0.2x)=0x=\mathbf{0}$。$x$ の項は消えてしまったではありませんか？ 楽になってよかったですね。次に x^2 の項ですが、これははるかに単純そうです：$(-4x^2)+3x^2$。係数どうしをまとめて、$-4+3=-1$、$(-4x^2)+3x^2=-1x^2=\boldsymbol{-x^2}$ です。

答え：$\frac{1}{5}x-4x^2-(0.2)x+3x^2=-x^2$

2. $5-g+2h+2g-h$
3. $6a+7b+b^2-2a+3b-7b^2$
4. $3x+3yz-3xy-3x-3zy$（気をつけて見て！）

- 二つの項が同類項であるためには、変数の部分がまったく同じ、つまり文字が一致しているだけでなく、それぞれの文字についての累乗の部分も含めてすべて一致していることが必要です。文字の部分がアルファベット順になっていないときは、特に注意しましょう。うっかり見過ごしてしまいがちです。たとえば $4x^2y$ と $9yx^2$ は、見た目は違っても実は同類項どうしなのです。

- 同類項どうしは、同じ真珠の入った袋と考えて、単に係数どうしを足し合わせればいいのです。

- たくさんの項を一度にまとめるときは、違う種類の同類項は下線の種類を変えて区別すれば、混乱せずに答えを導くことができます。

先輩からのメッセージ

マリア・クイバン（カリフォルニア州ロサンゼルス市在住）

過去：友人関係に煩わされていた

現在：気象予報士の資格を持つ、素敵な TV パーソナリティ

中学三年生までは数学が好きでした。数学は楽しく、わくわくするほど素晴らしいものでした。代数が特に好きでした。まるで新しい言葉を学んでいるようでした。数学が私の頭をより鋭くし、自信をつけてくれるのが気分よかったのです。

しかし、数学が難しくなってくるころ、私は、友人たちと遊ぶ時間が増えるようになりました。交友関係が大事になり、みんなから“格好いい”と見られることを願い、ときおり、授業をサボることさえありました。その結果として、当然のことながら、数学の成績は悪化しました。

大学に入ってから、気象予報士になりたいという夢を持つようになりました。そして、気象予報士の資格をとるには、数学の授業をたくさんとらなければならないということを知りました。それからは、一度もクラスを休んだことはなく、グループ学習と、個人教授を最大限に利用しました。他の人から、“格好いい”と思われることは、私にとってもはや魅力的なことではなくなり、気象予報士になるという人生のトロフィーを勝ちとろうと夢中になりました。まもなく、以前はやろうともしなかった方程式を理解して、正しい解答を得ることができるようになりました。自信がついたのです。

私は、現在、ロサンゼルスにあるテレビ局で、気象予報士として天気予報に出演できるまでになりました。この仕事が気に入っています。天気予報は生放送で、アドレナリンがあがってくるのがわかるほどの興奮を味わうと、本当に生きているんだという実感がします。

気象状況や危険性を視聴者にわかりやすく伝える仕事には意義を感じています。また芸術的な面でも私の力を発揮する機会も与えてくれます。最新のコンピュータ・ソフトウェアを使って、気象の変化を表すグラフィック・アニメーションを作成し、気象情報の説明に役立てているのです。

私は、最新の気象情報を集めて、最高の天気予報を視聴者に伝えることに誇りを抱いています。そして、その準備には数学が大変役に立っているのです。気象データと言えば、気温、風速、台風の大きさなど、すべて数で表されています。そうした数を総合して気象情報として解説するのが私の仕事です。

毎日私は、数学を使って単位変換をすばやく実行しています。たとえば、ノットで表された速さを時速マイルに、摂氏を華氏に、などです。単純な公式の変数に数値を代入するだけでなく、とても複雑な方程式を含んだプログラムを高速コンピュータを使って実行し、その計算からはじき出される数値モデルを読みとくことも仕事の一部です。気象情報の陰には、たくさんの数学が活躍しているのです。

私は、自分がフィリピン系アメリカ人であり、多様性を尊重する報道にたずさわっていることに誇りを抱いています。数学は夢を実現するためにとても役立ちました。大学で数学を学ぶのははじめ簡単ではありませんでした。どうしてもやりとげたいという固い決意と集中力によって成功したのでした。やる気を出すために、いつも、同級生の顔を見て自分自身に向かって言ったものでした。「あの人たちにできるなら、私にもできるはず！」

そして、私の経験から言えることは、私と同じことがあなたにもできるということです。

分配法則

この章を勉強し終わったころには、あなたは分配法則の達人になっていることでしょう。そして、分配法則がどんなふうに、式を簡単な形に直すのに活躍するか、理解が進んでいることでしょう。これは、私が年中使っている道具です。これは、買い物で損をしないように守ってくれることさえあります。この章の最後に私の実際に体験した話をご紹介しましょう。

すでにあなたは、「分配（ディストリビュート）」という言葉を知っているかもしれません。教室で先生が「プリントをクラスの皆に配って（ディストリビュート）ください。」とあなたに頼むかもしれません。（どうやってこの仕事を終わらせたらいいでしょうか？）

さて、あなたは友人のベスの家で開かれる仮装パーティに行くところだと想像してください。ベスは花嫁（ブライド、 bride）の衣装を身につけているので、b と呼ぶことにしましょう。あなたはベスの家に早目についたので、ゲストはあなたの他には一人しかいませんでした。でもあなたはその人が誰だかわかりません。なぜなら、彼女は猫の衣装で身体全体をおおい、猫のマスクを頭からすっぽりかぶっていたからです。この状況を $(b+c)$

と表しましょう。c は猫(キャット)(cat)です。カッコは家の壁と思ってください。続きを聞いてください。

あなたは、映画『リトル・マーメイド』にでてくるアリエル(Ariel)に扮しているので、a と呼ぶことにします。つまり、あなたがドアをノックしたときには、ちょうど、$a(b+c)$ のようになっていたはずです。そうでしょう？ 家の中に入れば、あなたは、一人一人と挨拶をかわすことになるでしょう。

こんにちは！

$$a(b+c) = ab + ac$$

ゲストがもう一人いたら？ たとえば、そのゲストはドラゴンに仮装しているとしましょう。あなたは彼女にも挨拶するでしょう。なんといっても、あなたは礼儀正しい性格だからです。

こんにちは！

$$a(b+c+d) = ab + ac + ad$$

あなたは知らないでしょうが、数や変数もたいへん礼儀正しいのです。彼らも、パーティでは誰に対してもきちんと挨拶をするのです。

数学で、$a(b+c)$ という表現を見たら、それは、a と $(b+c)$ の掛け算を意味しています。(掛け算を表すには、何通りかのやり方があります。$a(b+c)$ は、$a \times (b+c)$ と同じことなのです。162 ページを復習してみてください。

すぐに慣れるので心配御無用。）宿題やテストで、「a をカッコの中に掛けて、カッコをはずしなさい。」という問題を見かけるかもしれません。これは、分配法則を使って、$a(b+c)$ という表現を、a と b、a と c を直接掛け算する形に書き直しなさいという意味です。いわば、あなたが友人の一人ひとりに挨拶するのと同じようなものです。

ところで、カッコの中には、足し算や引き算が入ります。どちらでも分配法則は同じように働きます。

Ring Ring

この言葉の意味は？・・・分配法則

分配法則とは、どんな値 a, b, c に対しても、

足し算がカッコの中にくるとき：$\boldsymbol{a(b+c)=ab+ac}$

引き算がカッコの中にくるとき：$\boldsymbol{a(b-c)=ab-ac}$

が成り立つという法則です。カッコはなくなってしまいますが、式が表している値にはまったく変化はありません。パーティ会場で、一人ひとりに挨拶するようなものだと思ってもいいでしょう。

ところで、a, b, c は、仮の名前にすぎません。これらの文字は、ある数と置き換えることもできるし、もっと複雑な $5x^2$ のような表現と置き換えることもできます。このことについては、あとで触れることにします。

要注意！　形は似ていますが、$a+(b+c)$ のような表現の場合は、分配法則は適用できません。分配法則が使えるのは、カッコの外から何かを掛け算するときだけです。つまり、挨拶する（分配法則を使う）ときには、パーティ会場の入り口に近づいて、一人ひとりに挨拶するように、a とカッコがくっついている場合だと覚えておくといいかもしれません。

仮装パーティでなくとも、何かに扮することが好きな人たちもいます。あなたが 2 であるとして、パーティ会場に着いたら、$2(3+x)$ のような状態だったとしましょう。友人の 3 とそれから、誰か仮面をかぶった人がいるようです。中に入ったあなたは、その謎の仮面をかぶった人にも挨拶をします。あなたは礼儀正しい人だからです。たとえその人が着ぐるみで会場に現れたとしてもです。

それでは、ここで $2(3+x)$ の表現を分配法則を使って書き直してみましょう。つまり、2 をカッコ内のそれぞれの項に掛け合わせます。2 から 3 と x に矢印が伸びるのを想像してみてください。

$$2(3+x) = 2(3) + 2x = \mathbf{6 + 2}\boldsymbol{x}$$

次に、$x(y-2)$ なら、どうしたらいいでしょうか？ ここでは、引き算を足し算の形に直して（10 ページ参照）から、カッコの外にある x をカッコ内のそれぞれの項に掛けて足し合わせることができます。

$$x(y-2)=x(y+[-2])=xy+x[-2]=\boldsymbol{xy+(-2x)}$$

あるいは、引き算用の分配法則(195ページ参照)を使って、引き算のまま分配法則を適用することもできます。

$$x(y-2)=xy-x(2)=\boldsymbol{xy-2x}$$

どちらも、まったく同じ答えにたどりつくことができました。負の符号を付け忘れてしまいがちですので、注意してください。

ここがポイント！　角カッコ[　]と丸カッコ(　)はどちらを使ってもかまいません。つまり、$7[x+4]$ は $7(x+4)$ とまったく同じ意味です。上の例のように、カッコが二重になるときは混ぜて使うと便利です。たとえば、$2[x+(-0.5)]$ は、$2(x+(-0.5))$ に比べてカッコの対応がわかりやすいですね。(どちらも $2x-1$ と同じ値を表しています。)

信じられないかもしれませんが、分配法則が実生活に役立つことがあるのです。(209ページのダニカの日記参照。)分配法則が、分数や小数の計算を簡単にしてくれることもあります。

ここがポイント！　結合法則や交換法則が、計算の優先順序であるPEMDASの規則の例外的とも言える（たとえばカッコの位置を移動することができる）ことを第2章で学んだように、この分配法則もPEMDASの法則からはずれたものであることに気をつけてください。（PEMDASについては、30ページで復習できます。）

練習問題

分配法則を使って、PEMDASの順序に従わない（つまり、カッコの中身を先に計算するPEMDASのかわりに、分配法則でカッコをはずす）やり方の練習をしましょう。たいていの計算では、カッコの中身の計算からはじめるのですが、ここでは練習として分配法則を最初に使ってみましょう。分配法則を使うと、計算がとても楽になることがあるのです。最初の問題は私が解きましょう。

1. $9\left(\frac{2}{3}-\frac{5}{9}\right)=?$

解：カッコの外にある9をカッコ内にある二つの項に掛けると約分ができ、より簡単に答えを求めることができます。

$$\frac{9}{1}\left(\frac{2}{3}\right)-\frac{9}{1}\left(\frac{5}{9}\right)=\frac{9\times2}{1\times3}-\frac{9\times5}{1\times9}$$

（約分を実行して）＝ $6-5=1$

答え：$9\left(\frac{2}{3}-\frac{5}{9}\right)=1$

2. $14\left(\frac{8}{7}+\frac{3}{14}\right)=?$

3. $10(8.1-4.9)=?$（ヒント：小数に 10 を掛けるとどうなる？）

4. $10\left(8.1-\frac{1}{5}\right)=?$（ヒント：とても簡単な形に直せます。）

分配法則をもう一度考える

パーティ会場でいつもぴったりくっついていっしょに行動している人たちに気づくかもしれません。どこへ行くにもいっしょで、グループで行動しているという人たちです。そういう人たちには一度挨拶しただけで、そのグループ全員に挨拶できます。つまり、グループの一人ひとりに挨拶する手間がはぶけるというものです。

135 ページで触れたように、項というのは掛け算と割り算だけで成り立ち、数や変数がくっつき合っている表現のことでした。項は、いっしょにくっついて行動している人たちと似た性質を持っていて、数学では一つの単位のように扱うことができます。掛け算では、係数と変数がくっつき合って、一心同体のようです。(8)(4)、$4x$、$5x^2$ などを見ればわかると思います。そして割り算 $\frac{9}{5}$ も $\frac{x}{7}$ もおんぶされているように、二つの数がとても近い関係にあります。一塊になっているので、単項という一つのグループとして扱うことができるというわけです。

ここで大事なのは、複雑に見える項が並んでいるところに分配法則を使うときには、一つの項に対して一度だけ掛け算を施すということを忘れないことです。たとえば、3がカッコの外にある、次のような例を見てみましょう。

$$3\left[\frac{x}{7}+(2)(4)\right]=3\left(\frac{x}{7}\right)+3(2)(4)=\boldsymbol{\frac{3x}{7}+24}$$

カッコの外にある3がそれぞれの項に一回ずつ掛けられていることに注目。よくある間違いは、3を2と4に別々に掛けてしまうことです。3(2・4)を計算するときに、3・2・3・4とするのは誤りですね。

カッコの外にある項もまた複雑な場合を考えてみましょう。この状況は、とても仲のいいグループがパーティ会場に到着したと考えてもいいでしょう。たとえば、こうです。

$$3xy\left[\frac{x}{7}+(2)(4)\right]=3xy\left(\frac{x}{7}\right)+3xy(2)(4)$$
$$=\boldsymbol{\frac{3x^2y}{7}+24xy}$$

次の例では、カッコの内側にあるのは、掛け算と割り算(または分数)だけからなる項なので、項としては、たった一つということになり、あなたは、一つのグループに一回だけ挨拶すればいいことになります。

$$2\left[\frac{x \cdot 5w}{y}\right] = \frac{2}{1}\left[\frac{x \cdot 5w}{y}\right] = \frac{2 \cdot x \cdot 5w}{1 \cdot y} = \mathbf{\frac{10wx}{y}}$$

普通の掛け算と同じように、全部をひとまとめにすればいいだけです。ここまで理解できていれば、授業も十分わかるでしょう。パーティでみんなに挨拶することを思い浮かべられれば、何も恐がることはありません。

みんなの意見

「パーティに着ていくドレスを選んだり、どの映画を見にいくのか考えるとき、候補を論理的にしぼりこんでいきます。それは、数学の問題を解くときの手順に似ているなと思います。」ケイト（15 歳）

見落としやすい負の数の分配法則

分配法則で負の数を扱うと、勘違いしやすくなります。たとえば、$-(b-3)$ では、負の符号は、実際には -1 のことで、-1 をカッコの中の二つの項に分配して掛け算しなくてはなりません。あとは、他の数がカッコの外にあるときと同じようにです。

$$-(b-3) = (-1)(b-3) = (-1)(b) - (-1)(3)$$
$$= \boldsymbol{-b+3}$$

もちろん、次のように、カッコ内にある引き算を足し算に変形してから、分配法則を使うこともできます。

$$-(b-3)=(-1)(b-3)=(-1)[b+(-3)]$$
$$=(-1)(b)+(-1)(-3)=\boldsymbol{-b+3}$$

どちらのやり方でも同じ答えに達するので、あなたがわかりやすいほうを使えばいいのです。いずれにせよ、カッコ内の符号がすべて入れ替わったことに注目してください。正の数は負の数に、負の数は正の数に変換されました。十分に練習すると、カッコの前に負の符号があれば、カッコ内の符号を変えるだけでよいと、自然に思いつくようになり、$-(b-3)=-b+3$ とすぐにわかります。

負の符号を見過ごしがちですが、これは知らぬ間に、パーティに参加しているようなものです。

さらに見落としやすい負の数と引き算

たとえば、

$$9-(x+3y)$$

のような引き算は、負の符号をカッコ内の各項に分配しなければならないのです。すべてをはっきりさせるために、引き算をみたら、“負の数の足し算” に書き直すことをおすすめします。$9-(15)$ を計算するときは、$9+(-15)$ とも書き直せ、さらに $9+(-1)(15)$ としてもよいことを確かめてください。さて、$9-(x+3y)$ も同じです。カッコの前の負の符号に注目します。最初の変形がわかりにくいときは、$(x+3y)$ は (15) が置き換えられたものと考えることにすればいいでしょう。

$$9-(x+3y)=9+(-1)(x+3y)$$

（(-1) をカッコ内に分配すると）

$$=9+(-1)(x)+(-1)(3y)$$
$$=\mathbf{9+(-x)+(-3y)}$$

（答えは、次のように書き換えることもできます。どちらも同じことを意味していることに注意しましょう。）

$$=\mathbf{9-x-3y}$$

これでおしまい。負の符号が登場しても上手に変形できたようです。

要注意！　$-2(x-3)$ を $-2x-6$ としてしまいがちです。どうして間違いか、わかりますか？ -2 にある負の符号と、-3 の負の符号は、二つ掛け合わせて消去されるので、正の数 6 になります。カッコ内の引き算は、“負の数の足し算” に置き換えれば明確になるかもしれませんね。

$$-2(x-3)=-2(x+[-3])=-2x+(-2)[-3]$$
$$=\mathbf{-2x+6}$$

ステップ・バイ・ステップ

分配法則の正しい使い方

ステップ 1. カッコ内をより簡単な形に書き直す。(簡単に整頓できるところは、してしまいましょう。あとの計算が楽になります。) また、引き算を "負の数の足し算" に書き換えると、考えやすくなるでしょう。

ステップ 2. カッコの外に負の符号があるかどうかを確認しましょう。もしあれば、カッコ内の符号は、すべて反対になるということを、心に留めておきます。

ステップ 3. カッコ内の一つ一つの項に掛け算をしましょう。負の符号に注意して、完了。

レッツスタート！ ステップ・バイ・ステップ実践

次の表現に分配法則を適用するやり方：

$$-\frac{1}{5}(5a-10+b)$$

ステップ 1. カッコ内には簡単になるところはありませんが、10 の引き算を負の数の足し算に直しましょう：$-\frac{1}{5}(5a+[-10]+b)$。今のところ、良い調子。

ステップ 2. カッコの外の $-\frac{1}{5}$ は負の数なので、最終的にカッコ内の各項の符号は反対になるはず。

ステップ 3. 負の数に注意しながら、$-\frac{1}{5}$ をカッコ内の三項すべてに掛け合わせます。($-\frac{1}{5}$ をカッコでくくることによって、“＋−”と符号が連続しないようにしました。)

$$
\begin{aligned}
&-\frac{1}{5}(5a+[-10]+b)\\
&=\left(-\frac{1}{5}\right)(5a)+\left(-\frac{1}{5}\right)[-10]+\left(-\frac{1}{5}\right)(b)\\
&=\boldsymbol{-a+2-\frac{b}{5}}
\end{aligned}
$$

ほら、この通り。負の数はわかりにくいかもしれませんが、引き算を“負の数の足し算”に直すことで、見落とすことなく正しい答えをみちびくことができます。

テイクツー！　別の例でためしてみよう！

さらに複雑そうな例に挑戦してみましょう。

$$11-[-3-(-9x)+x]$$

ステップ 1. まず、角カッコの内側だけに注目し、簡単にできるところは、してしまいます。負の符号が続くところがあるので、もっと簡単にできるはずです。

$$-3-(-9x)+x \rightarrow -3+9x+x \rightarrow \boldsymbol{-3+10x}$$

このように書き直して、次の段階に進みましょう。

$$11-[-3+10x]$$

ステップ 2. そう、気がつきましたか？　カッコの外側にあるのは、例の見落としがちな負の符号です。(−1)が掛けてあることになるので、次のように書き直します。

$$11+(-1)[-3+10x]$$

ステップ 3. 実際に分配法則を実行する段階になりました。結果は、次の通り。

$$11+(-1)(-3)+(-1)(10x)=11+3+(-10x)$$
$$=\mathbf{14+(-10x)}$$

答えは $14-10x$ と書き直してもかまいません。完成！

このような表現は、変数、負の数、負の符号(引き算)、カッコがいっしょに出てくるので、見た目に非常に複雑です。でも、落ち着いて、一度に一段階ずつこなしていけば、力がついて、ついには、なんなくできるようになるでしょう。

練習問題

分配法則を使って、次の表現を簡単な形に直しなさい。負の符号に気をつけて変形しなさい。最初の問題は私が解きましょう。

1. $-3xy-3x(2-y)$

解：うーん、たくさん負の符号があるけど、まず、引き算を“負の数の足し算”に直せば、扱いやすくなるはず。すると、$-3xy+(-3x)(2-y)$ が得られる。次に、$-3x$ をカッコの内側に掛けて $-6x+3xy$ となる。さて、全体の

式は $-3xy-6x+3xy$ となります。同類項をまとめると、xy の項は打ち消しあうので、答えは $-6x$ となるわけです。これ以上簡単にはなりません。

答え：$-3xy-3x(2-y)=\boldsymbol{-6x}$

2. $5-(h-4)$
3. $10-3y(x-4)$
4. $xy-10\left(0.8+\dfrac{xy}{10}\right)$
5. $8ab-a\left(b-\dfrac{1}{a}+3\right)$

足し算や引き算に対して分配法則を応用してよいのはなぜでしょう？ そして、一般に、$a(b+c)$ を $ab+ac$ の値と同じとみなしていいのは、どんな根拠があるからでしょう？

それでは、いわゆる、分配法則を単純な数どうしの計算に応用したらどうなるのか、見てみましょう：$3(10+1)=?$

$$3(10+1)=3(10)+3(1)=30+3=\mathbf{33}$$

これはまったく理屈にあっているではありませんか？ 確かに $3(10+1)=3(11)=33$ と、答えも一致します。

では、簡単な引き算に分配法則を応用してみましょう：$4(10-1)=?$

$$4(10-1)=4(10)-4(1)=40-4=\mathbf{36}$$

そして、$4(10-1)=4(9)=36$ と確かめれば、まったく同じとわかります。これらのちょっとした計算をみれば、分配法則が数の世界で完璧に有効であることがわかるでしょう。変数は普通の数を文字で置き換えたものなので、そこでも分配法則が成り立つのは、自然に類推できることでしょう。このように、ある法則がどんなふうに働くのかを見たいときには、いつでも、簡単な数を例にとって考えてみるとよいでしょう。

この章のおさらい

- 分配法則は、パーティの会場の中にいるそれぞれ(各項)に挨拶するのといっしょです。

- 項というのは、掛け算や割り算でいっしょになってくっついている最大の部分をさします。足し算や引き算でつながれたものどうしは、一つの項ではありません。二つ以上の項になります。

- 分配法則に、引き算がかかわってくるときには、特に気をつけましょう。引き算として使われる負の符号は見落としがちなので、"負の数の足し算"に置き換えることを思い出しましょう。負の符号がカッコの外にくっついているときは、(-1)がカッコに掛けられていることと同じだということに注意しましょう。

ダニカの日記から・・・払いすぎのお金

これは、本当にあった話です。二、三ヶ月前のこと、デパートで買い物をしているとき、とてもかわいい上着をみつけたのでした。そこで私は、自分用に色違いで三着、それから妹に一着と、二人の友人に一着ずつ買おうと思いました。誕生日も近いことだし、プレゼントにしても良いと思ったからです。

六着をかかえてレジに並んでいるうちに、退屈してきました。そこで、合計金額がどれくらいになるか、暗算してみようと思いました。常日頃、みんなに暗算を推奨している私のことだから、自分でもそれにしたがってみようと思ったのかもしれません。

税金抜きで一着38ドルの値札がついています。私は、6×38 や $38+38+38+38+38$ を計算する気にはなれません。そこで、どうしたと思います？ 私は、6×38 のかわりに、$6(40-2)$ として計算しようと思ったのです。そして、分配法則を使って、その答えを暗算で出そうと思ったのです。

$6\times4=24$ だから $6\times40=240$ です。ここまでは、よし。さて、ここから、6×2 を引く、つまり、$240-12$ を計算しなければなりません。これは、ちょっと集中すれば、それほど難しい問題ではありません。$240-12=$

228ドル。これは、税金が入らない場合の合計です。

私は、自分自身に、数学の暗算をするのは脳の腕立て伏せのようなものだと言い聞かせ、さらに計算を続けました。カリフォルニア州の税率は、だいたい8%です。これは0.08と同じことなので、$228×0.08を計算します。10%は、小数点を一つ動かせばいいだけなので、$228の10%は$22.80。正直に言うと私は、これを切り上げて$23で考えてよいことにしました。そして、1%は小数点を二回移動することなので、$2.30が1%です。2%は$4.60になりますが、切り上げて$5ということにしました。8%がいくらかを知りたいので、10%−2%と考えて$23−$5＝$18となりました。つまり、これが私が払う税金というわけです。

合計金額は、いくらでしたか？ そう、そう、$228でした。おおよそ$18の税金を加えて、合計金額は、$246ぐらいになるはずです。

さて、ついに私の番になりました。私の頭は疲れていましたが、計算をやりとげたことをうれしく思っていました。腕立て伏せは体にいいことでしょう？ 私がレジの人にクレジット・カードを渡したときには、頭の腕立て伏せができたことがうれしくて、有頂天になっていました。言われるままにサインしようとして、よく見ると、信じられないことに、金額が$287.28となっていたのです。私は顔をあげると、できるだけ丁寧に、「すみません、これは、計算が間違っているかもしれないと思います。」すると、店員さんは、「これでいいのです。コンピュータが計算したのだから、間違っているはずはありません。」そこで私は、「レジの打ち間違いかもしれません。実際の金額より高いようです。」店員さんは、5歳の子どもに接するかのような態度で言いました。「税金を足したから高いように見えるんじゃない？」

私は作り話をしているわけではありません。この店員は頭から私の話を信じません。でも、私は計算に間違いがない自信もありました。しかし、暗算の途中で計算間違いをしたかもしれません。自分の目ではっきりさせたいと思いました。こんなときに数学が何の役にも立たないのだとしたら、どんな良さがあるというのでしょう？ 私は品名も表示された明細を見せてもらえるよう丁寧に頼みました。すると、店員さんが6着ではなく7着としていたことがわかったのです。バーコードを二重にスキャンしていたのです。

もし私が暗算をしていなければ、$287.28が$246より高すぎることにまったく気づかなかったかもしれません。それから、分配法則のおかげで暗算できたことも覚えておいてください。

私が店員さんの間違いを明細で指摘すると、訂正をしたのは店長さんでした。店員の仕事はバーコードをスキャンするだけで、あとの計算はレジ（機械）まかせというシステムだったようです。ふだんは数字が合っているか誰も確かめないので、このような間違いがどれくらい起こっているか、わかりません。

買い物に出かけたときはいつも、レジに並んでいる間に合計金額がいくらになるか、暗算するように心がけましょう。おおよその値を知るだけなら、切り上げや切り下げをすればよいのです。肝心なのは、暗算を習慣化するということです。

時間をまったくとらないフィットネスのこつ

シカゴを拠点に活躍している、フィットネス・トレーナーのローリ・ヴェルタ先生に、時間をとらないフィットネスのこつを教えていただきましょう。先生の方法は、身体を強くするだけでなく、ストレス解消にも効果があります。これは、列の順番待ちや、歯磨きのときにもできるので、あなたのスケジュールには、まったく支障がありません。

翼を閉じる：腕が背中の中央からはえている翼だと想像して、その二枚の翼を閉じるように、両手を背中側で 2 秒ほど合わせます。これを五回ぐらい繰り返します。肩は下げたままにして、上下に動かないようにします。胸を大きく広げるようにして深呼吸します。この運動は、あなたの気分をよくするはずです。長時間コンピュータやスマートフォンを使う人には、このフィットネスは肩のまわりの筋肉を強化し、たまったストレスを解消するのに役立ちます。姿勢を正す役目もしてくれます。ストレスがたまると、まず姿勢がくずれてきます。緊張すると、どんな姿勢で立ったり座ったりしているのか、気づかなくなります。猫背のまま歩かないよう気をつけましょう。

お尻の筋肉を締める：お尻の筋肉を緊張させたり、ゆるめたりするだけです。これはどんなところでもできるし、誰にも気づかれません。この運動中に、息をとめないように。お尻の筋肉を強化することによって、上半身を支える基盤ができるわけで、姿勢をよくすることにも役立ちます。

歯磨き中のバランス運動：歯磨きをしている間、片足だけで立つようにしてみましょう。洗面台で体を支えながら、片足だけで安定させるために、どのように足の筋肉が使われるのか、観察しましょう。さらなる挑戦として、カウンターの支えなしでもできるかどうかやってみます。しかし、やりすぎて、倒れたりしないように気をつけてください。いつも安全に注意しましょう。洗面所の床がぬれていないか確かめて、滑って転んだりしないようにしましょう。このフィットネスは簡単にできて、足の筋肉を鍛え、バランスを保つ効果があります。一番すぐれていることは、順番待ちをしているときに、頭の中で暗算をするのと同じように、あなたを強化する効果があり、しかも、まったく余分な時間をとらないということです。

数学の試験：サバイバル・ガイド

数学の試験が悩みの種ですか？ もう悩むことはありません。なぜなら、このガイドには、あなたが自信を持ってテストに臨むにはどうしたらよいか、詳しく解説してあるからです。(ちなみに、最近、悪い点をとってしまったなら 90 ページが必読です。)

次に挙げるのは、私が高校から大学を通じて週に 4 時間もの数学の授業をとっていた経験から編み出した方法です。この方法はいつも成功を収めました。

日頃からの試験対策

1. 授業でとったノートをその日のうちに書き直す。単に書き直すだけでいいのです。難しくないでしょう？ そうすれば、授業で学んだ内容がはるかによく記憶に残ります。そして、これのもう一つの利点は、ノートの中で何か腑に落ちないことがあったときには、翌日すぐに先生に質問できるという点です。この方法は、ノートの読み直しを試験の前日まで先送りにし、そのときはじめてわからないことがあるのに気づくより、はるかに良い方法です。そしてノートは、書き直したおかげではるかに読みやすいものになるでしょうし(カラーのマーカーもつけられますね)、その日の宿題をこなすときの参考になり、手早く済ませられます。

2. 先生が宿題をなかなか返却してくれないときは、宿題の中から二、三問を選んで、「試験の予想問題」と題した別のノートに書き留めておくことを強くおすすめします。また、宿題を解くために使った計算用紙や図を書いた紙（提出用にきちんとした答えを書く前に、あなたの考えたことや、途中の計算を書きなぐったもので、宿題の下書きのようなものです。この書き方については、『数学を嫌いにならないで』（文章題にいどむ篇）の「続・数学のトラブル解決ガイド」に実例を挙げました）もそのノートに貼っておくとよいでしょう。試験勉強をするときには「このタイプの問題は理解していたはず。以前はどうやって解いたのかな？ そうだ、試験の予想問題を見直してみよう。」というように使います。

テスト範囲が発表されたら

不安のあまり、くよくよと思い悩んで時間をむだにすることからおさらばしましょう。落ち着いて自信を持ち、効率的な試験対策に取り掛かりましょう。作戦は三つだけです。

1. きれいに書き直したノートを読み返す。
2. 一枚の紙に要点をまとめる。
3. 究極シートを作成する。

（2と3についてはこれから説明します。）

もちろん、問題を解く練習も必要です。たくさんある問題からどれを復習すればいい？ 上記の方法を実行したあなたには簡単に選び出せるはずです。

要点をまとめる

試験範囲が発表されたら、試験勉強にとりかかる前におすすめしたいのが、要点を一枚の紙にまとめることです。それは次のようにします。まず、ノートをゆっくりと読み返しながら、あなたにとって、どこが易しく、どこが難しかったかを思い出していきます。そして、難しい事項を一枚の紙に書き出していくのです。一枚の紙(裏も使ってよい)にまとめることが重要です。そして、あなたが試験を受けるときに、手元にあったらいいなぁと思えるようなものを作りましょう。

あなたが試験でその紙を見てもよいとしたら、と想像してみてください。それにはどんなことを書いておきたいですか？「持ち込み可能ならノートと教科書を全部持って行きたい。」と思うかもしれませんが、それだとどこに何が書いてあるのか見つけるのに時間を浪費してしまいますね。たった一枚の紙に重要なことがすべて書いてあるというのがポイントなのです。

ですから、あなたにとって簡単なことは書きません。それはスペースのむだづかいというものです。本当に試験のときに役立つだろうなと思われること(公式、定義、解き方、よく間違えてしまう事柄など)を書いておくのです。

教科書や宿題を調べて、書いたほうが良さそうだと思えば些細なことでも書き込みましょう。この作業は友達といっしょにすることもできるでしょうが、みんなが同じものを作る必要はないのですよ。

読むのに苦労するほど小さい字で書かないことがこつです。本当は、スペースをたっぷりとって書いたほうが効果的なのです。たった1ページに納めるために、何度も書き直さなければならなくても驚かないでください。あなたが本当にそこに書いてあってほしいことだけにしぼりましょう。私が高校生や大学生のときは、まず下書きをしてみて、それは、たいてい長すぎるので、見直してから本当に必要な一枚を完成させたのです。

この作業の途中で、あなたが理解していなかったところも見つかります。準備を早く始めているおかげで、わからない問題の解き方を教科書や私の書いた本、その他の本を使って調べたり、先生に質問したりする時間はたっぷりあるでしょう。

時間が余れば、練習問題にとりかかるのもよいでしょう。しかしさしあたっての目標はこの要点をまとめた紙の完成に集中しましょう。(220ページに作成例を挙げました。)

試験の数日前には

要点をまとめた紙の作成後、新たに学習したところで試験に出そうなことがあれば付け加えておきます。ここで一番苦手な分野の練習問題を繰り返しましょう。あなたの作った要点のまとめを参照しながら、何を復習すべきか決めましょう。もう十分に理解していることのために時間をむだにしないようにするためです。毎晩、苦手なところを少しずつ克服していきましょう。

試験の前日には

数学の勉強は他の科目よりも先に済ませましょう。頭がフレッシュなときにするのがよいのです。教科書やノートをもう一度見直すこと以上にたいせつなのは、あなた専用に作った要点のまとめをたっぷり**五回は読み上げてください**。絶対にですよ。じっくりと時間をかけて頭にしみわたるようにしましょう。それから練習問題をやってみます。特に、以前はつまずいたけれど、今では理解した問題をやってみることをおすすめします。そうすることで自信が増し、理解を定着させるのに大いに役立つからです。

さて、それができたら、次は究極シートを作りましょう。作り方は 222 ページの例を参考にしてください。要点のまとめの中から、特に大事な、間違いやすい三つの項目を抜き出します。これは、試験の始まる三分前にもう一度見直すためのものです。この三項目は試験中は覚

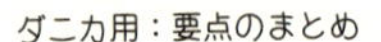
ダニカ用：要点のまとめ

整数と演算の法則について

演算の優先順序：

パンダ(Panda)、食べる(Eat)、マスタード(Mustard)つき餃子(Dumplings)：同順、アップル(Apples)のスパイス味(Spice)：同順、左から右に計算する。

整数： 二つの負の符号はプラスに変わる： $3-(-5)=3+5$！

「－１を掛ける」＝「符号が反対になる」

☆ 引き算 → 負の数の足し算に直す ☆

整数の掛け算・割り算：負の符号の個数を数える

奇数個なら負の数　　偶数個なら正の数

数えるときは単項か確認

例：　数えてはいけない $\frac{-5-2}{-2(-3)}$ ⟹ 数えてよい $\frac{-7}{-2(-3)}$

結合法則： カッコが動く。流行（かっこう）のように

公式 → 公式：$(a+b)+c=a+(b+c)$　　$(ab)c=a(bc)$

例：$(-2+3)+4=-2+(3+4)$　　$(-2\cdot 3)\cdot 4=-2\cdot(3\cdot 4)$

交換法則： 数が動く。車（カー）のように

公式 → 公式：$a+b=b+a$　　$ab=ba$

例：$-2+3=3+(-2)$　　$(-2)(3)=(3)(-2)$

☆ 結合法則と交換法則は、足し算だけ、掛け算だけのときに有効。しかし、負の数が混じっても良い。

えていられるでしょう。それを考慮に入れて、どの三つにするか慎重に選びましょう。（この究極シートは、私がテレビでインタビューを受けるときなど、いまだに使っている方法です。本当に私が話したい三つのことを書き込んでおくのです。すると私は落ち着いて、自信を持ってインタビューに臨むことができるのです。）

さぁ、しっかりと夕食を食べて、軽く体を伸ばす運動をしたりしてから、睡眠はたっぷり、少なくとも8時間はとりましょう。

試験当日の朝には

おはようございます。朝食をきちんととりましょう。朝食を食べながら、あるいは、登校の途中でも、要点のまとめや究極シートを繰り返し読みましょう。あせらず落ち着いた気持ちで読みましょう。前向きになり、自分自身が幸福な気分になれるようなことを頭に描きましょう。たとえば、「試験なんてなんでもない。きっと大丈夫。」と、自分に言い聞かせましょう。

試験開始5分前には

究極シートを見直します。教科書や参考書などを見てはいけません。そんなものは今さら役に立ちません。そうしたら、心と体をリラックスさせて緊張をほぐしましょう。これが大きな差になるのです。(究極シートもしまいましょう。カンニングを疑われないようにね。)

試験が始まったら

1. 問題を読む前に、究極シートの内容がまだ頭にあるうちに、用紙の裏側にでもメモとして書き留めましょう。(これは、あなた自身の頭を使っているのでカンニングではありません。) 究極シートに書いてあったことだ

究極シートの例

数学の試験を受ける前に、数学のことは忘れて、このシートをゆっくりと見直してみましょう。

まず、体の力を抜いてください。

静かに深呼吸して、緊張が溶けてなくなっていくと想像します。目を閉じて呼吸に合わせて体を少し伸ばしてみましょう。気分が良くなるまで繰り返します。

目を閉じたままゆっくりと深く呼吸をしながら、自信たっぷりに、

「試験なんてなんでもない。きっと大丈夫。」

と自分自身に言い聞かせます。それが信じられるまで何度も繰り返します。(はじめは難しいかもしれませんが、大丈夫です。)繰り返すほどよいのです。

三つの注意事項

数学の公式、法則、定理など、試験の際に覚えておくと役立つものを書き出します。

1. ____________________
2. ____________________
3. ____________________

自信を失い、焦りが生じたら、上記の方法で心も体も落ち着きを取り戻すことができます。あなたがテストであがってしまう性格であれば、試験前には復習よりも究極シートのほうが、役立つでしょう。

最後にスマイル！

きっと、あなたは良い成績をあげることができます。

けでなく、それ以外のこともメモしておきたくなるかもしれませんが、これに長い時間をかけるのはやめましょう。せいぜい一、二分です。丁寧に書く必要はありません。自分だけがわかればよいものです。

2. 試験問題の全体をざっと見渡してみましょう。自分にとって易しそうな問題の番号に丸印をつけておきます。

3. できそうな問題から取り掛かりましょう。裏に書いたメモを見返して、たとえば3問目が究極シートからすぐに答えられそうなら先にやり、1問目が難しそうなら後回しにします。

4. 試験中にパニックを起こしそうになったら、落ち着いて深呼吸しましょう。究極シートのコラムに書いてある励ましの言葉を思い出してください。あなたの心と筋肉をリラックスさせましょう。これをすると結果は断然違います。さぁ、他の問題も片づけてしまいましょう。

ところで、要点を一枚にまとめた紙は大切に保管しておきましょう。学年末試験にも役立つだけでなく、まさかと思うかもしれませんが、その後も重宝するときがやってくるからです。

時間とのたたかい

試験を受ける前に心を落ち着かせようとしても、時間内に解けるかいつも不安になるなら、これを試してみてください。先生に、「今日の宿題は30分でどのぐらい解くことを目標にすればいいのですか？」と質問するのです。そして、宿題を始める前にタイマーをセットして、制限時間内にできるか試してみます。まるで教室で試験を受けているかのように、先生が「では始めなさい。」と言うのを想像して、解いていくのです。その想像上の試験の前に究極シートを見るのも良いでしょう。できるだけ本物の試験のやり方をまねるのがいいのです。そのほうが効果があります。

タイマーを使って宿題をするのは、時間に追われるストレスから抵抗を感じるかもしれませんが、この練習をしておくと、時間制限のあるなかで落ち着いて集中できることを学べるのです。私は経験上、この方法が正しいと言い切ることができます。中学生のときに母からこのやり方を教わりました。この練習をすればするほど上手に集中することができるようになるでしょう！

試験を受けるテクニックは、科目の内容とはまったく関係ありません。そして、このテクニックを身に着けるのは悪いことではないでしょう。なぜなら、あなたはこれから何年も試験を受け続けることになるのですから。このテクニックを身に着ければ、あなたは自信に満ち、豊かに成長していけるでしょう。

付録1

数の性質

第2章と第10章で述べることができなかった数の性質のいくつかをここで紹介しましょう。学校では性質に名前を付けて暗記するように言われることがあるかもしれませんが、性質そのものはとても単純なものです。幼い子でも知っているようなものもあるくらいですが、もったいぶった名前がついているだけです。

この言葉の意味は?・・・単位元

加法:どんな数 a に対しても、

$$a + 0 = a$$

が成り立つ。言い換えると、どんな数に0を加えてもその値が変わらないことを意味しています。加法でこのような性質を持つ数0を単位元(identity)と呼びます。それは、数の同一性(アイデンティティ)を保つことに由来しています。

乗法:どんな数 a に対しても、

$$a \times 1 = a$$

が成り立つ。言い換えると、どんな数に1を掛けてもその数の同一性が保たれる。そんなわけで、乗法では1が単位元と呼ばれます。

乗法における0の性質：どんな数 a に対しても、

$$a \times 0 = 0$$

が成り立つ。これは、見たままの通りの性質です。

大事なことは、単位元とは、どんな数と組み合わせて演算(足し算または掛け算)したとしても、答えは相手の数になるということです。相手のアイデンティティを尊重するのが単位元(アイデンティティ)、とでも覚えましょう。

数の集合

自然数： 0で始まる{0, 1, 2, 3, 4, 5, …}といった、物を数えるときに使われるすべての数です。この集合には、分数や小数でしか表せない数は一切含まれていません。本によっては自然数に0を含めないこともあります。0を含む自然数であることを特に強調するとき、英語ではWhole Numberということもあります。

整数： 自然数と、その符号を反対にした数を合わせた数(0を含む)です。つまり、整数は正の方向と負の方向

に限りなく伸びています。整数も、分数や小数でしか表されない数は含まれません。下の図では、整数の一つ一つが数直線上の点として表されています。これらの点が左右の両方向に無限に続いていると想像してください。

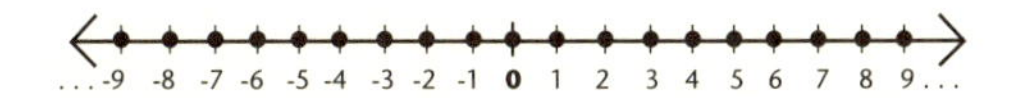

この本では、第1章と第3章で、整数(ミンテジャーとして紹介しました)を学びました。

有理数：理屈の通った数、というのは冗談です。二つの整数の比として表される数の集合です。別の言い方をすると、分子と分母が整数で表される分数を指します。このような分数のほか、有限小数、循環小数もすべて有理数です。なぜなら、有限小数も循環小数も分数で表すことが可能だからです。有理数の例としては、$0.5,\ -1,\ \frac{163}{1},\ 0.888888\cdots\ (0.\overline{8}),\ -\frac{4}{99}$ などが挙げられます。循環小数を分数に直すやり方は、『数学を嫌いにならないで』の第12章を参照してください。有理数だけを数直線上に表すのは不可能です。数0と1の間にさえ有理数は無限にあり、しかも、この区間には次の無理数と呼ばれる数も無限に存在するので、両者を区別して表すことはできません。(詳しくは方程式を極める篇付録2参照。)

無理数：これも無理ばかりを言う困った数というわけではありません。これは整数の比として表すことができない数のことです。無理数の例として挙げられるのは、

円周率の π や、$\sqrt{2}$、0.123456789101112… などです。数学をもっと先まで学んでいくと、実は、無理数のほうが有理数よりもはるかに多く存在することがわかります。有理数と同じく、すべての無理数を数直線上に点として表すことは不可能です。有理数だけでなく無理数も数 0 と 1 の区間に無限に存在しているからです。(詳しくは方程式を極める篇付録 2 参照。)

実数：すべての有理数とすべての無理数を合わせて実数と呼びます。225 ページで紹介した定義の中で「どんな数 a に対しても」とあるのは、a がどんな実数でもよい、という意味です。

ところで、すべての実数を数直線上に表すことは簡単です。両方向にどこまでも延びる実線を引けばいいからです。その線に含まれる点はすべて何らかの実数を表しています.

次ページにこれらの数の集合をベン図で表してみました。この図でわかるように、自然数は、整数の一部です。そして整数は分数で表すことも可能ですね($1 = \frac{1}{1}$ など)。つまり、整数も有理数の仲間と考えていいのです。それから、有理数と無理数には共通部分がまったくないことにも注目しましょう。どの実数も、どちらか一方の集合には含まれますが、両方ともの集合に含まれるということはありません。

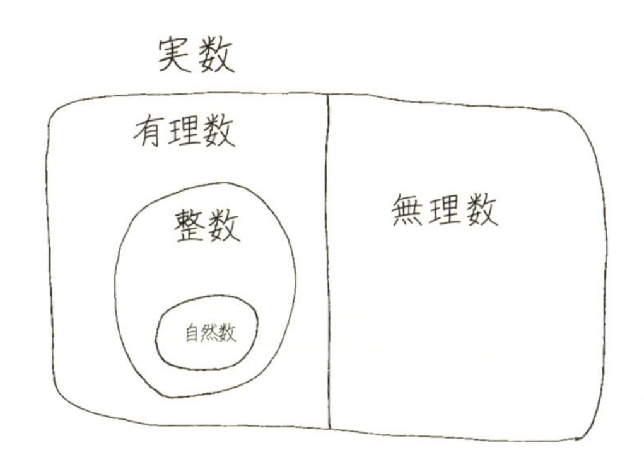

分数・小数とパーセントのちがい

パーセントの使い方を考えてみましょう。ただ「50%」と言っただけで、何の50%かを言わなければ、実際の値はわかりません。言い換えると、パーセントは定まった値ではないのです。何かの割合を表しているというだけです。

一方、「二分の一」は、何かの半分(たとえば20ドルの半分)を指しているかもしれませんし、数値としての有理数 $\frac{1}{2}$ を指しているのかもしれません。

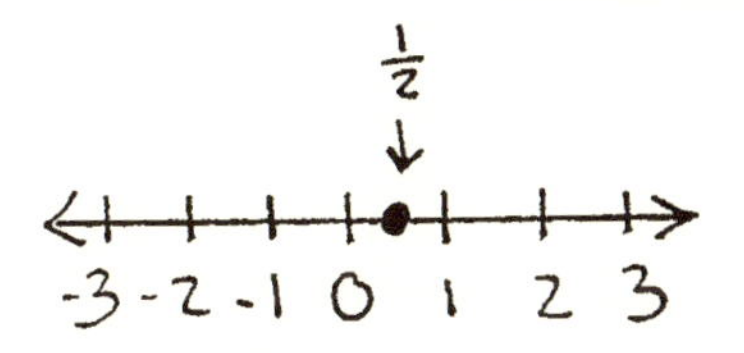

分数は、このような両方の使い方ができます。他の値

の一部分という意味では次のような使い方をすることもあります。

4の四分の三、三つの三分の二、三分の二の半分、
四分の三の三分の二

それぞれがいくつを表しているかわかりますか？ 値を求められますか？ わからないときは、『数学を嫌いにならないで』第15章が参考になります。答えは順に3、2、$\frac{1}{3}$、$\frac{1}{2}$です。

初歩的な算数から本格的な数学に勉強が進んでいくと、話題がもっともっと抽象的になっていきます。そのとき、分数や小数はこのような二通りの使われ方をすることができるのだということを覚えておくと、理解が進みます。一つめは何か他の物の一部を表す言葉、二つめはそれ自身がある数の値を表すということです。二つめの使い方は、分数や小数が、数直線上のある点に対応した一つの数を表していることを意味しています。これは小数が無理数であっても同じです。

練習問題の答え

p.6

2. $-12, -5, 0, 3$

3. $-10, -7, -4, 6$

4. $-8, -1, 2, 7$

p.14

2. 2

3. -4

4. -12

p.19

2. 6

3. 4

4. 2

5. 0

p.25

2. 2

3. -13.6

4. -11

5. 0

p.40

2. 58

3. 90

4. 8

p.41

2. **a.** はい　**b.** 10

3. **a.** いいえ　**b.** 8 と 0

4. **a.** はい　**b.** 15

5. **a.** いいえ　**b.** 12 と 24

6. **a.** いいえ　**b.** 2 と 8

p.50

2. $y+(-10)$ あるいは $y-10$

3. 使用禁止

4. z

p.69

2. 7

3. $\frac{8}{3}$ あるいは $2\frac{2}{3}$

4. $-\frac{1}{3}$

5. 0

6. 2

p.87

2. 7

3. 2

4. $\frac{1}{2}$

5. $\frac{5}{2}$ あるいは $2\frac{1}{2}$

p.103

2. 平均値： 2.2、中央値： 2、最頻値： 1

3. 平均値： 3、中央値： 3、最頻値： 3

4. 平均値： 6、中央値： 5、最頻値 ： 2 と 7

5. 平均値： −2、中央値： −1.5、最頻値： −4 と 1

p.131

2. 4 + 3✿， 7， 1， 5， 4.6

3. 8， 7， −8， 2☺ + $\frac{6}{☺}$

p.144

2. 2 項、変数： z、定数： 7、係数： −4

3. 2 項、変数： n， m、定数：なし、係数： 1， −1

4. 4 項、変数： a， b， c、定数： 0.2、係数： 1， −5， $\frac{2}{3}$

5. 3 項、変数： x， y ：定数： −9、係数： $\frac{3}{5}$， −1

p.157

2. $7j$

3. $14c$

4. $0.2y$

5. $\frac{1}{4}z$

6. $6t + 10$

p.168

2. $-16g^2h$

3. $5a^2b$

4. $2w^2$

5. 0

p.177

2. $2xy + z$

3. $-\frac{2}{b}$

4. −6

p.187

2. $5+1g+1h$ あるいは $5+g+h$

3. $4a + 10b + (-6b^2)$ あるいは $4a + 10b - 6b^2$

4. $-3xy$

p.198

2. 19

3. 32

4. 79

p.206

2. $9+(-h)$ あるいは $9-h$

3. $10+(-3xy)+12y$ あるいは $10 - 3xy + 12y$

4. −8

5. $7ab+(-3a)+1$ あるいは $7ab - 3a + 1$

索　引

＊斜体の数字は『方程式を極める篇』のページ数を表す。

記号・数字・英字

-1 の掛け算　60
$\frac{0}{0}$　171
$\frac{n}{0}$　171
0 の性質　226
PEMDAS　30
x-座標　*189*
x-軸　*186*
x について解く　*39*
x を取り出す　*36*
y-座標　*189*
y-軸　*186*

ア 行

アンケート　47, 56, 92, 111, *50, 112*
一次関数　*195, 200, 215*
演算順序　30
円周率　228

カ 行

解集合　*98*
掛け算(演算順序)　30
数の集合　226
傾き　*202*
傾きがゼロ　*221*
傾きが定義不能　*221*
傾きが負の数　*206*
傾きの正・負の見きわめ方　*209*
カッコ(演算順序)　30
関数　*166*
関数を表にまとめる　*170*
簡略化　151
逆演算　*32*
逆数　62
逆操作　*32*
究極シート　222
係数　134
係数が 1　143
結合法則　35
原点　8, *186*
項　135
交換法則　46
語順　*10*

サ 行

最頻値　102

座標　*189*
座標平面　*188*
時間とのたたかい　223
軸　*186*
試験対策　215
指数　*127*
指数の分配　*151*
自然数　226
実数　228, *193*
述語(数学の)　*6*
循環小数　227
順序対　*189*
象限　*187*
小数の累乗　*141*
職業(数学が役立つ)　*22*
水平思考パズル　*86*
数学語から日常語へ翻訳
　2
数学的な表現　*4*
数直線　6, *185*
整数　3, 226
絶対値　13, 80
絶対値の演算順序　84
絶対値の累乗　*142*
切片　*215*
線形関数　*215*
ストレス　*20*
ストレス(心理テスト)
　113

タ 行

代入　127, *5*
足し算(演算順序)　30
単位元　225
中央値　99
直線の方程式　*213, 220*
底　*127*
底が(−1)　*139*
定数　133
等式　*3*
同類項　180
トラブル(方程式の)　*57*

ナ 行

ナンプレ　*160*
日常語から数学語へ翻訳
　8

ハ 行

パーセント　229
半直線　*91*
引き算(演算順序)　30
評価　130
フィットネスのこつ　212
不等号の鏡の法則　*99*
不等式　*3*
負の数　14
負の数の分配法則　201
負の係数　142
負の小数　20
負の定数　142
負の分数　20, 67
文章題　*1*
文章題のキーワード　*11*

分数の特徴　171
分数の累乗　*141*
分配法則　195
分配法則が適用できない　196
分配法則の正しい使い方　203
平均値　95
変数　126, 132
変数に変数を代入する　*74*
変数を含む掛け算　161
変数を含む分数　169
変数を含む割り算　169
方程式の解法　*42*
方程式を立てる　*41*

マ 行

未知数　134, 135, *10*
ミンテジャー　2
無理数　227, *93*
無理数(無限に存在)　*230*
メジアン　99
モード　102

ヤ 行

有限小数　227
友人(心理テスト)　*115*
有理数　227, *93*
有理数(無限に存在)　*229*
要点のまとめ　220

ラ 行

リンテジャー　3
累乗　*127, 231*
累乗(演算順序)　30
累乗(負の数の)　*134*
累乗とカッコの関係　*150*

ワ 行

割り算(演算順序)　30

ダニカ・マッケラー(Danica McKellar)
1975年生まれ．カリフォルニア大学ロサンゼルス校を卒業．数学の学位を取得．青春ドラマ『素晴らしき日々』，ゲーム『鬼武者』英語版など現在は女優・声優として活躍．

菅野仁子
1954年，母，幸子の郷里，福島県相馬市にて出生．津田塾大学大学院にて結び目理論を学ぶ．都内で中高教師を務めたのち，渡米．ルイジアナ州立大学大学院にて「三正則および四正則グラフにおけるスプリッター定理」の博士論文で，2003年に博士号を取得．同年，ルイジアナ工科大学にて助教授．2018年，アップチャーチ准教授の称号を授与され，現在にいたる．位相幾何学的グラフ理論の分野における研究にいそしむかたわら，数学の美しさをできるだけ多くの人と共有することを夢みる．料理と散歩が趣味．

数学と恋に落ちて 未知数に親しむ篇
ダニカ・マッケラー　　岩波ジュニア新書 887

2018年12月20日　第1刷発行

訳　者　菅野仁子（かんのじんこ）

発行者　岡本　厚

発行所　株式会社 岩波書店
〒101-8002 東京都千代田区一ツ橋 2-5-5
案内 03-5210-4000　営業部 03-5210-4111
ジュニア新書編集部 03-5210-4065
http://www.iwanami.co.jp/

印刷製本・法令印刷　カバー・精興社

ISBN 978-4-00-500887-2　Printed in Japan

岩波ジュニア新書の発足に際して

きみたち若い世代は人生の出発点に立っています。きみたちの未来は大きな可能性に満ち、陽春の日のようにひかり輝いています。勉学に体力づくりに、明るくはつらつとした日々を送っていることでしょう。

しかしながら、現代の社会は、また、さまざまな矛盾をはらんでいます。営々として築かれた人類の歴史のなかで、幾千億の先達たちの英知と努力によって、未知が究明され、人類の進歩がもたらされ、大きく文化として蓄積されてきました。にもかかわらず現代は、核戦争による人類絶滅の危機、貧富の差をはじめとするさまざまな人間的不平等、社会と科学の発展が一方においてもたらした環境の破壊、エネルギーや食糧問題の不安等々、来るべき二十一世紀を前にして、解決を迫られているたくさんの大きな課題がひしめいています。現実の世界はきわめて厳しく、人類の平和と発展のためには、きみたちの新しい英知と真摯な努力が切実に必要とされています。

きみたちの前途には、こうした人類の明日の運命が託されています。ですから、たとえば現在の学校で生じているささいな「学力」の差、あるいは家庭環境などによる条件の違いにとらわれて、自分の将来を見限ったりはしないでほしいと思います。個々人の能力とか才能は、いつどこで開花するか計り知れないものがありますし、努力と鍛練の積み重ねの上にこそ切り開かれるものですから、簡単に可能性を放棄したり、容易に「現実」と妥協したりすることのないようにと願っています。

わたしたちは、これから人生を歩むきみたちが、生きることのほんとうの意味を問い、大きく明日をひらくことを心から期待して、ここに新たに岩波ジュニア新書を創刊します。現実に立ち向かうために必要とする知性、豊かな感性と想像力を、きみたちが自らのなかに育てるのに役立ててもらえるよう、すぐれた執筆者による適切な話題を、豊富な写真や挿絵とともに書き下ろしで提供します。若い世代の良き話し相手として、このシリーズを注目してください。わたしたちもまた、きみたちの明日に刮目しています。（一九七九年六月）

864 榎本武揚と明治維新
―旧幕臣の描いた近代化
黒瀧秀久
幕末・明治の激動期に「蝦夷共和国」を夢見て戦い、その後、日本の近代化に大きな役割を果たした榎本の波乱に満ちた生涯。

865 はじめての研究レポート作成術
沼崎一郎
図書館とインターネットから入手できる資料を用いた研究レポート作成術を、初心者にもわかるように丁寧に解説。

866 その情報、本当ですか？
―ネット時代のニュースの読み解き方
塚田祐之
ネットやテレビの膨大な情報から「真実」を読み取るにはどうすればよいのか。若い世代のための情報リテラシー入門。

867 〈知の航海〉シリーズ
ロボットが家にやってきたら…
―人間とAIの未来
遠藤　薫
身近になったお掃除ロボット、ドローン、AI家電…。ロボットは私たちの生活をどう変えるのだろうか。

868 司法の現場で働きたい！
―弁護士・裁判官・検察官
打越さく良
佐藤倫子 編
13人の法律家(弁護士・裁判官・検察官)たちが、今の職業をめざした理由、仕事の面白さや意義を語った一冊。

869 生物学の基礎はことわざにあり
―カエルの子はカエル？　トンビがタカを生む？
杉本正信
動物の生態や人の健康、遺伝や進化、そして生物多様性まで、ことわざや成句を入り口に生物学を楽しく学ぼう！

870 覚えておきたい 基本英会話フレーズ130　小池直己
基本単語を連ねたイディオムや慣用的フレーズを厳選して解説。ロングセラー『英会話の基本表現100話』の改訂版。

871 リベラルアーツの学び ―理系的思考のすすめ　芳沢光雄
分野の垣根を越えて幅広い知識を身につけるリベラルアーツ。様々な視点から考える力を育む教育の意義を語る。

872 世界の海へ、シャチを追え！　水口博也
深い家族愛で結ばれた海の王者の、意外な素顔。写真家の著者が、臨場感あふれる美しい文章でつづる。〔カラー口絵16頁〕

873 台湾の若者を知りたい　水野俊平
若者たちの学校生活、受験戦争、兵役、就活……、3年以上にわたる現地取材を重ねて知った意外な日常生活。

874 男女平等はどこまで進んだか ―女性差別撤廃条約から考える　山下泰子・矢澤澄子監修／国際女性の地位協会 編
女性差別撤廃条約の理念と内容を、身近なテーマを入り口に優しく解説。同時に日本の課題を明らかにします。

875 〈知の航海〉シリーズ 知の古典は誘惑する　小島毅 編著
長く読み継がれてきた古今東西の作品を紹介。古典は今を生きる私たちに何を語りかけてくれるでしょうか？

877・876
数学を嫌いにならないで
基本のおさらい篇
文章題にいどむ篇
ダニカ・マッケラー
菅野仁子訳

数学が嫌い？ あきらめるのはまだ早い。この本を読めばバラ色の人生が開けるかもしれません。アメリカの人気女優ダニカ先生が教えるとっておきの勉強法。苦手なところを全部きれいに片付けてしまいましょう。いつのまにか数学が得意になります！

878
10代に語る平成史
後藤謙次

消費税の導入、バブル経済の終焉、テロとの戦い…、激動の30年をベテラン政治ジャーナリストがわかりやすく解説します。

879
アンネ・フランクに会いに行く
谷口長世

ナチ収容所で短い生涯を終えたアンネ・フランク。アンネが生き抜いた時代を巡る旅を通して平和の意味を考えます。

880
核兵器はなくせる
川崎 哲

ノーベル平和賞を受賞したICANの中心にいて、核兵器廃絶に奔走する著者が、核の現状や今後について熱く語る。

881
不登校でも大丈夫
末富 晶

「学校に行かない人生＝不幸」ではなく、「幸福な人生につながる必要な時間だった」と自らの経験をふまえ語りかける。

882 **40億年、いのちの旅** 伊藤明夫

40億年に及ぶとされる、生命の歴史。それをひもときながら、私たちの来た道と、これから行く道を、探ってみましょう。

883 **生きづらい明治社会** —不安と競争の時代 松沢裕作

近代化への道を歩み始めた明治とは、人々にとってどんな時代だったのか？ 不安と競争をキーワードに明治社会を読み解く。

884 **居場所がほしい** —不登校生だったボクの今 浅見直輝

中学時代に不登校を経験した著者。マイナスに語られがちな「不登校」を人生のチャンスととらえ、当事者とともに今を生きる。

885 **香りと歴史 7つの物語** 渡辺昌宏

玄宗皇帝が涙した楊貴妃の香り、織田信長が切望した蘭奢待など、歴史を動かした香りをめぐる物語を紹介します。

886 **〈超・多国籍学校〉は今日もにぎやか！** —多文化共生って何だろう 菊池 聡

外国につながる子どもたちが多く通う公立小学校。長く国際教室を担当した著者が語る、これからの多文化共生のあり方。

889 **めんそーれ！ 化学** —おばあと学んだ理科授業 盛口 満

料理や石けんづくりで、化学を楽しもう。戦争で学校へ行けなかったおばあたちが学ぶ教室へ、めんそーれ(いらっしゃい)！